高职高专"十二五"规划教材

服装结构制图

第二版

成月华　王兆红◎主编

闫永忠◎副主编

FUZHUANG

JIEGOUZHITU

化学工业出版社

·北京·

本书科学、系统地阐述了服装平面结构制图的原理及运用，书中列举了大量编者在教学和实践中运用的实例，并结合流行时尚，详尽地介绍了服装结构的变化规律、设计技巧。全书共分六章，内容包括：绪论、下装结构制图、上装结构制图、童装结构制图、针织服装结构制图、特殊体型的服装结构制图等。本书实用性、指导性强，在生产和教学中均有一定的实用价值。

本书为高职高专服装设计与服装工艺专业教材，也可供在职服装专业技术人员或服装爱好者学习参考。

图书在版编目（CIP）数据

服装结构制图/成月华，王兆红主编. —2版. —北京：
化学工业出版社，2013.1（2024.8重印）
高职高专"十二五"规划教材
ISBN 978-7-122-16034-8

Ⅰ.①服… Ⅱ.①成…②王… Ⅲ.①服装结构-制图-
高等职业教育-教材 Ⅳ.①TS941.2

中国版本图书馆 CIP 数据核字（2012）第 300585 号

责任编辑：陈有华 蔡洪伟　　　　　　　　　　文字编辑：刘志茹
责任校对：宋 夏　　　　　　　　　　　　　　装帧设计：尹琳琳

出版发行：化学工业出版社（北京市东城区青年湖南街 13 号　邮政编码 100011）
印　　装：涿州市般润文化传播有限公司
787mm×1092mm　1/16　印张 14¼　字数 335 千字　　2024 年 8 月北京第 2 版第 7 次印刷

购书咨询：010-64518888　　售后服务：010-64518899
网　　址：http://www.cip.com.cn
凡购买本书，如有缺损质量问题，本社销售中心负责调换。

定　　价：36.00 元

前言

《服装结构制图》自2007年问世以来，受到了全国服装专业广大师生的好评，同时也得到了社会读者的认同，对培养服装专业人才起到了积极的作用。

随着教育改革的逐步深入，服装工业新技术和新设备的不断更新，服装设计新理念的产生，对服装结构制图教材提出了新的要求，而原教材中的有些内容已显陈旧。为满足教学的需要，我们对教材进行了修改补充，这次修订结合服装企业与市场的紧密联系，使用了最新的有关国家标准，对本书中服装款式的规格设计、合体性处理方法等内容中某些不恰当的部分作了删除与修改，力求使该教材更能适应当今社会的需要。希望本教材修订后更能受到广大读者的欢迎，不足之处恳请读者批评指正。

本教材的再次出版，得到了化学工业出版社的大力支持，在此表示深深的感谢。

编者
2012年11月

第一版前言

目前，随着教育改革的不断深入，服装新技术和新设备的更新，服装结构制图技术已有了很大的发展，各服装院校对专业教材提出了新的要求。本教材是为了培养既有服装专业结构制图知识，又具有实际动手能力，善于组织管理的高级服装专业人才而编写的。

书中较详尽、全面地论述了服装平面结构制图的原理及其运用，从人体体表的特征出发，到人体曲面的平面结构处理方法；从人体活动引起的体表变化，到成衣规格的制定方法和组成；从服装基础纸样的制作，到上、下装各类服装造型的结构制图原理及应用规律等作了全面系统的阐述。本书对童装及针织服装的结构设计方法进行了详尽的介绍，建立了相应的结构设计模式，同时对特殊体型的服装结构构成规律进行了定量和定性的分析。书中列举了从便服到礼服的各式服装的结构设计方法，实例丰富，分析透彻，深入浅出，可操作性强，具有较强的科学性、适用性和涵盖性，特别强调了能力的培养，突出了高职教育的特点。本书实用性、指导性强，在生产和教学中均有一定的实用价值。本书为高职高专服装设计与服装工艺专业教材，也可供在职服装专业技术人员或服装爱好者学习参考。

本书由成月华、王兆红主编，闫永忠副主编。第一、三章由成月华、王兆红编写；第二、四章由闫永忠、李海兰编写；第五、六章及附录由宋勇编写。全书由成月华统稿。

本书由张文斌主审。在编写过程中，得到了有关院校的领导、老师及同行们的大力支持，谨此一并表示感谢！

由于编者水平有限，且时间紧，书中疏漏之处恳请专家、同行及广大读者批评指正。

编者
2007年3月

目 录

第五章　针织服装结构制图　161

第六章　特殊体型的服装结构制图　186

附录 205

参考文献 215

第一章 绪论

- 第一节 服装结构制图概述
- 第二节 服装与人体
- 第三节 服装号型标准

学习目标

1. 了解并掌握服装结构制图的概念、学习要求；
2. 了解服装与人体体型特征之间的关系；
3. 掌握人体测量的意义、要领及方法；
4. 了解服装号型基础知识。

第一节 服装结构制图概述

一、性质

服装结构设计是高等职业技术院校服装类专业的专业理论课之一，是研究以人为本的服装结构平面分解和立体构成规律的学科，其知识结构涉及服装造型设计、服装工艺设计、服装材料学、服装卫生学、人体解剖和人体测量学、美学和数学等，是一门艺术和科技相融合，理论和实践密切结合的学科。

款式设计、结构设计、工艺设计是服装工程现代化分流设计的基本流程。结构设计着重于服装形、线、意的表达，是服装造型设计的深入和补充，是工艺设计的准备和依据，可以这样说，结构设计是服装分流设计的重心，能实现造型设计的意图，即把立体、空间和艺术性的设计假想，逐步制作成为服装平面或立体结构图形，因此，它需要严密的科学性、高度的科技性、承上启下的设计连贯性。其研究内容有以下几个方面：①服装与人体曲面之间的关系，反映在平面状态下的衣片结构线与立体状态的人体曲面之间的相互对应；②服装自身各部件之间的配合关系及变化原理，如衣身的结构设计原理及变化规律，领子与领圈的配合，袖窿与袖子的配合，省、褶、浪的构成及变化，省的移位与变形，各类附件的组装位置、大小比例，平面分解与立体构成的内在联系和变化规律等，使各衣片能准确组装配合，与造型设计效果一致；③人体的运动变化对服装造型的影响；④结构制图与生产工艺的研究，要求服装制图既要考虑服装造型的美观、合体，又要考虑工艺设计的可行性、经济性和方便性，结构设计要符合生产工艺。服装结构制图与生产实际有着密切的关系，有较强的实用性和技术性，它不但要求有必要的理论知识，还要有较强的实践能力，只有勤动脑，反复练习，不断总结，才能理论与实践相结合，提高结构设计水平和实际操作能力，成为一名具有实力的服装结构制图工作者。

近年来，随着服装工业技术的迅速发展，电脑、激光、机械设备同人类智力型设计紧密结合起来，结构设计已逐步进入科学化、系列化、计量化和规范化，服装工业技术得到迅速的发展，如人体体型数据采集、结构纸样设计、系列样板缩放、排料裁剪等都采用了省时省工、效率高的先进设备。非接触式三维人体计测装置、计算机辅助服装款式造型设计系统、色彩设计系统、二维和三维的纸样设计系统、自动排料系统、自动裁床等新技术新设备的采用，使得服装科技得到迅猛的发展。这些从理论和实践方面都大大地丰富了课程的知识结构，同时又对本课程的内容提出了更严谨、规范、科学的要求，以体现当代服装设计的科技水平。

二、课程要求

服装结构制图是服装从款式造型到成品造型的手段，用造型来体现服装与人体结构的技术美，是构成服装成品造型的物质基础，是达到实现服装造型设计意图、保证服装成品规格、质量标准的具体依据，是组织指导生产的技术文件，以形状表现的服装制作工艺文件，最终以服装裁剪纸样的形式出现。

通过本课程的学习，应使学生达到下列基本要求：

① 熟悉人体体表特征与服装点、线、面的关系，了解人体活动引起的体表变化及性别、年龄、体型等差异与服装结构的关系。

② 理解服装结构与人体曲面之间的关系，掌握服装规格的制定方式和表达形式，服装部件、部位的结构设计原理和制图方法。

③ 掌握服装基础制图方法及在各类款式结构设计中的运用，解析整体结构的稳定性与相关部位的吻合关系，掌握省道的变换、衣片分割、抽褶等技巧，以适应各种款式造型的需要。

④ 具有审视服装效果图的能力，按其结构组成、各部位比例关系和具体规格等因素绘制平面结构图。

⑤ 掌握基本的立体裁剪方法和技巧，进行整体塑型的非平面结构设计。

⑥ 能进行特体服装结构分析和制图。

三、服装结构制图方法

服装结构的发展经历了漫长的岁月，经过了由低级阶段向高级阶段发展的过程。远古时代，人类的祖先为适应大自然的生存环境，学会了用兽皮、树叶等材料缝合成片包裹身体，那时的服装只是简单的披挂、缠绕，尚无结构可言。随着社会经济的发展和文化的进步，生产工具的更新和工艺方式的改变，人们对服装的要求越来越高，由简单粗糙的廓型发展为合体舒适美观的造型。服装结构设计在传统构成方法的基础上，结合现代科技成果和国外先进技术，形成了从立体到平面，又从平面到立体的多元化造型技术。目前，服装结构构成方法大体上分为两大类：平面法和立体法。

1. 平面法

平面法就是按服装控制部位的尺寸，结合人体的体型特征、绘画法则及变化原理，运用一定的计算方法，对各种服装款式在纸上或面料上绘出平面分解的纸样。当今人们采用的平面法有基型法、原型法、比例法、短寸法等。

(1) 基型法 以服装最基本部位的尺寸为依据，确定一个基础纸样，再以基础纸样为基型，根据人体特征和服装的款式风格，运用加放、剪切、折叠、拉展等技术手段对局部造型进行调整，作出所需的平面结构图。这种方法是以人体为本，适用于各种款式变化，制板速度快，广泛被企业所采用。

(2) 原型法 以标准人体主要控制部位的净体规格为依据制作服装原型，再根据服装基本部位的尺寸和款式特点在原型上作加放、展开或移位等处理，作出所需的平面结构图。这种方法以人体为基础，变化灵活，处理方法多样，具有广泛的通用性，但原型只是结构设计的过渡形式，在运用方面相对难掌握一些。

(3) 比例法 这是我国服装结构平面制图的传统方法，以服装基本部位的规格尺寸为依据，运用比例形式表达，求出各细部规格尺寸，完成结构制图。用该法操作时衣片各部分的比例、数值、公式等都以服装款式为出发点，一步到位，简明快捷易学，但要运用得得心应手，还需有相当的实践经验。

(4) 短寸法 该法除测得人体主要部位尺寸外，加测各有关部位，如肩宽、胸宽、背宽等，再按一定的计算公式求出制图所需的全部数据，绘制服装结构纸样。

2. 立体法

立体法又称立体裁剪法，是指直接在人体或人体模型上铺放面料，根据款式要求和面料的性能，在造型的同时剪去多余部分的面料并别样固定，从而使设计具体化。这是一种古老而又年轻的结构设计方法，早在13世纪，欧洲的一些国家已采用立体法来裁制衣服，并沿用至今。操作所用的主要工具是人体模型，人体模型的尺寸要尽量与穿着者的人体尺寸相一致，面料在人体模型上别样和修正时，要注意面料的丝缕方向。立体法是平面法的返祖，是平面法的再改进，设计师用三度空间的思维方式来进行设计、制作，根据服装款式的需要任意决定取舍，因而制作的服装贴合人体，衣身线条自然流畅，是一种方便直接、操作简便的裁制手段。但立体法也有它的局限性，由于人体模型和人体之间存在一定的差异，使服装的放松量不好估计，手法难以掌握，同时设计成本高，效率低，不适用于工业化大生产，而在高级时装制作和表演性、艺术性强的服装领域中有所运用。

无论是平面法还是立体法，都是以人体为依据产生并发展起来的，相互取长补短，各有所长，都有一定的优缺点。各种方法应用起来虽有差异，但基本原理是相同的，都是为了使服装和人体完美结合。

四、制图规则

（1）先基础线、再结构线　任何服装的结构制图，都要先画出纵向和横向的基础线，再画出服装构成部件的轮廓线和能引起服装造型变化的结构线。制图时通常由上而下，由左至右进行。

（2）先主件、后副件。

（3）先长度、后宽度。

（4）先净样、再加缝份　净缝制图是按照服装成品的尺寸制图，图中不包含缝份和贴边，在结构图经校对准确无误后，再加画缝份线，进行毛样制图，以保证制图的准确性。

五、结构制图符号和制图工具

1. 部位代号

服装结构制图中的部位代号常用相应英文单词的首写字母表示（见表1-1）。

表1-1　服装制图中的部位代号

部位	胸围	腰围	臀围	领围	胸高点	衣长	肩宽	袖口	袖长	袖窿弧长
代号	B	W	H	N	BP	L	S	CF	SL	AH

2. 结构制图符号

服装除款式变化外，还需进行收省、褶裥、归拔等结构或工艺处理，这些在进行结构制图时，都是用符号表示。制图符号是指表达一定制图内容的，具有一定形式、名称和用途的特定记号（见表1-2）。

表1-2 服装制图常用符号

符 号	名 称	作 用
——————	基础线	制图时用来确定部件的位置,结构图的基础线、尺寸线、尺寸界线、引出线
——————	轮廓线	服装和零部件的轮廓线
- - - - - -	连折线	表示整体连折,不剪断
⌒⌒	等分线	将某部划分成若干相等距离的几份
◁	省道线	省道设计部位和衣片需缝进去的尺寸
⌒	弧线	某个线段的弯曲度
∟ ∠	角度	部位角度的大小
←———→	经向线	服装材料布纹方向的标志,设置时通常与布纹经向平行
▨	褶裥线	打褶裥的部位和衣片需缝进去的尺寸
⚹	交叉线	相关裁片交叉重叠的部位和大小
△△△	拔开线	衣片需拔开的部位
⌒⌒⌒	归拢线	衣片需归拢的部位
⌒⌒⌒⌒	缝缩线	衣片缝合时需收缩或抽褶的部位
⊢———⊣	距离线	表示裁片某部位起始点与终止点之间的距离,箭头指示到部位轮廓线
⊜	拼接线	表示相关衣片拼合在一起
⊐⊏	省略号	省略衣片某部位的记号,常用于长度较长而结构图无法画出的部件
△○◎●	同尺寸号	表示两衣片的尺寸大小相等
✂	刀口线	表示衣片某部位需剪切,一般作在衣片的轮廓线上

3. 服装制图的标注

① 必须标明制图比例。制图比例是指图中所画尺寸大小与服装实际尺寸之比,图纸上所标的尺寸数据,是服装各部位的实际尺寸,一律以厘米（cm）为单位。

② 每个部位尺寸只应在纸样上标注一次,并应标在该结构最清晰的图形上,标注细小的局部结构图纸时,可引出图外标注。

③ 必须标明纸样使用时摆放的方向与面料经纬向的关系,图上各个定位点、归拔部位等符号都要标注清楚。

4. 结构制图工具

（1）米尺 以公制为计量单位的尺子,长度为1m,质地为木质和塑料等,一般用于测量结构制图中的长线条和绘制长直线（见图1-1）。

（2）角尺　两边成90°的尺子，主要用于绘制垂直相交的线段，质地有塑料和木质两种。

（3）三角尺　三角形的尺子，又名三角板，一般其中一角为直角，其余为锐角，可用来度量和作出大小不同的角，质地有塑料、木质等（见图1-2）。

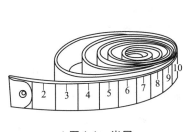

▲图1-1　米尺

▲图1-2　三角尺

（4）直尺　绘制及测量较短直线距离的尺子。

（5）比例尺　用来度量长度的工具，其刻度系按长度单位放大或缩小若干倍，常见的有三棱比例尺，其三个侧面上刻有六行不同比例的刻度系（见图1-3）。

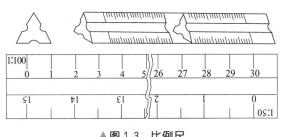

▲图1-3　比例尺

（6）弯尺　两侧成弧线形的尺子，主要用于绘制侧缝、袖窿等长弧线，使制图线条光滑。

（7）圆规　绘圆用的工具（见图1-4）。

（8）分规　常用来截取相等线段或等分某一线段（见图1-5）。

（9）曲线板　绘曲线用的薄板，其边缘曲率大小不等，常用于绘袖窿、袖山、侧缝和裆缝的弧线（见图1-6）。

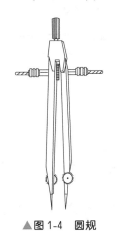

▲图1-4　圆规

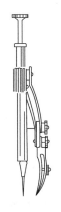

▲图1-5　分规

▲图1-6　曲线板

（10）鸭嘴笔　绘墨线用的工具，通常指"直线笔"。

（11）绘图墨水笔　绘制基础线和轮廓线的自来水笔，特点是墨迹粗细一致，墨量均匀。其规格根据所画线型宽度可分为0.3mm、0.6mm和0.9mm三种。

（12）铅笔 实寸作图时，制基础线选用 2H 型或 H 型，轮廓线选用 HB 型或 B 型；缩小作图时，绘制基础线选用 2H 型或 H 型。

第二节 服装与人体

一、人体构成

服装是人体的外包装，因人体而产生并服务于人体，服装与人体有着密切的关系，这种关系主要表现在服装与人体体表形态间的关系。服装结构设计以体现人体自然形态和运动机能为目的，是人体特征的概括与归纳。结构设计的依据，不是具体的数据和公式，而是具有普遍代表性的标准人体。服装设计的标准，应和人体体型特征相适应，穿在身上能够产生舒适自在的感觉，并能保护身体，同时满足审美方面的需求。因此，对服装及其各部位轮廓的确认，及结构制图的平、斜、直、曲，都要求设计者从人体形态出发。服装的人体构成是服装结构制图的基础和依据，设计者必须对人体特征有详细的研究和认识，掌握大量的人体体型与人体运动方面的数据，以此为依据进行服装结构设计。

1. 人体体表主要形态特征

骨骼是人体的基本形态，是人体运动的枢纽，肌肉附于骨骼和关节之上。由于人体受骨骼和肌肉的作用，及各部位皮下脂肪的影响，人体表面起伏变化非常复杂，很不规则。但从几何角度来看，人体体表可视为由许多非标准的椭圆抛物面和非标准的双曲面及其他几何曲面所构成（见图 1-7），基础纸样的结构线及其分片、分缝都是以此为依据设计的。因此，研究人体体表的构成特征将有助于对服装结构的理解。

所谓椭圆抛物面形态，是指通过该表面的两条相互垂直的弧线具有相同的弯曲方向，体表呈椭圆抛物面形态的中心部位将决定服装省尖的指向和工艺熨烫归拔的伸展区域；体表呈椭圆抛物面形态的边缘部位将决定服装省口的位置和工艺熨烫归拔的收缩区域。属于非标准椭圆抛物面形态的体表部位有乳凸、肩端、腹部、臀部、肘部、膝部、肩胛部、胯部（见图 1-7）。

所谓双曲面形态，是指通过该表面的两条相互垂直的弧线具有相反的弯曲方向，体表呈双曲面形态的中心部位将决定服装省口的位置和工艺熨烫归拔的收缩区域；体表呈双曲面形态的边缘部位将决定服装省尖的方向和工艺熨烫归拔的伸展区域。属于非标准双曲面形态的体表部位有颈根部、前肩凹部、腋下部、前肘部、前胸中心部、腰部、腿根部、后背中心部、臀沟部、膝后部（见图 1-7）。

2. 人体构成与服装

人体分为头、躯干、上肢、下肢四个部分，它们是由骨骼、关节、肌肉等组成，根据人体体形特征和关节活动的特点，可将人体具体划分为头部、颈部、肩部、胸部、腹部、大腿部、膝部、小腿部、踝部、脚部等部位（见图 1-8）。

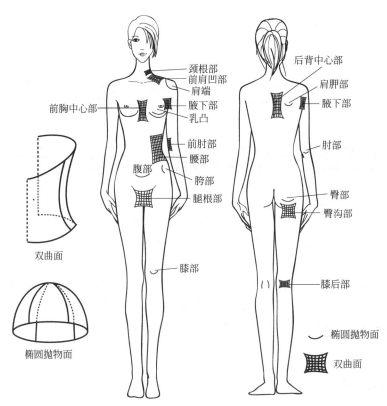

双曲面

椭圆抛物面

颈根部
前肩凹部
肩端
前胸中心部
腋下部
乳凸
前肘部
腰部
腹部
胯部
腿根部
膝部

后背中心部
肩胛部
腋下部
肘部
臀部
臀沟部
膝后部

⌒ 椭圆抛物面
▦ 双曲面

▲ 图 1-7　人体体表形态特征

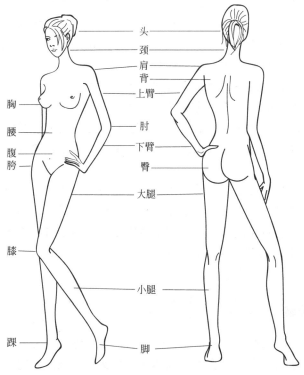

头
颈
肩
背
上臂
肘
下臂
臀

胸
腰
腹
胯

膝

踝

大腿

小腿

脚

▲ 图 1-8　人体的总体构成

头部呈椭圆形，帽子及含有帽子的服装款式的设计要以此为基础，人体头部的头长、头围及头的矢径和横径等尺寸的大小直接关系到帽子的外形和大小。

躯干部是人体的主要部分，由颈、胸、腹部组成，对于人体的总体形态有决定性影响，因此它是服装设计的重点。颈部将人体头部和肩部连接起来，基本形状为圆柱体，呈现出前低后高的状态，且颈点是基础纸样前后身中线的顶点，这和衣身、衣领的结构设计有密切的关系。

胸部、腹部是躯干的主体部分，它的形态特征比较复杂，且男女外形有很大的差异。女性胸部隆起，肩部窄而倾斜，腰部纤细凹陷柔软，骨盆宽厚臀部外凸明显；男性肩部宽而平，胸廓发达，腰围与臀围差距小，臀部收缩体积小。从侧面看，人体由于脊柱的弯曲，其整体形成背部凸起腰部凹陷的"S"形曲线；从正面看，以腰节为界是上大下小的两个梯形体（见图1-9），上、下梯形的重叠线是设计服装腰节线高低的依据。上面的梯形体正面和背面的宽度，决定了服装结构纸样中前胸和后背的宽度，且胸部以乳点为最高点，背部以肩胛骨为最高点，胸围与腰围相差的量，是构成衣身前后省道总量的依据，它的侧面形状和尺寸决定制图中腋面的形状和袖窿的宽度。

上肢与人体躯干部的肩部相连，分为上臂、下臂和手三部分。上臂与肩相连形成肩关节，并形成肩凸，表面浑圆丰满，这是上衣肩部造型的依据。当上肢自然下垂时，其中心线并不是直线，从人体侧面观看，前臂向前略有倾斜（见图1-10），当手心向前时，前臂向外略有倾斜，这要求服装衣袖需合体时，必在肘部形成肘省。上肢根部的围度决定袖肥尺寸，手掌的围度决定袖口尺寸。

▲图1-9　躯干部的外观

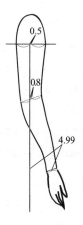

▲图1-10　上肢下垂时的方向性

人体的下肢由胯部、腿部和足部组成，臀部无论从正面还是从侧面看都近似于一个上窄下宽的梯形。胯部两侧最宽的地方是大转子，当两腿直立时，丰满的臀大肌向后隆起，人的体型不同，臀凸量也不相同，臀凸量的不同决定裤子后上裆垂直倾斜角的大小，梯形上下端的距离，是裤子直裆长度的依据，梯形两侧的厚度，决定了裤子裆宽的大小，臀围和腰围的差量，是下装腰省总量设计的依据。

腿部的体型特征为上粗下细，大腿和小腿在膝关节相连，在结构设计时决定裤管的造型以及膝围和脚口的规格，膝关节主要决定裤子膝围线的位置。

二、人体的比例

人体的比例是指人体各部位之间的大小比例以及人体各部位之间的比较，以数量比例的形式出现。人体各部位的长宽比例是人体体型特征的重要内容，作为服装结构设计的人体比例的研究，既不同于艺术创作中按美学表现的需要对人体采用夸张变形的手段，也不同于纯粹的人体测量科学所应用的方法去研究结构设计中的人体比例问题，而是主要对标准化的人体比例加以说明，这样才有利于对服装结构中规律的理解。所谓标准体，是指人体的骨骼和肌肉发育平衡，在长度方向上，表现为人体的身高、腰节长、上肢长、下肢长、胸高点等符合正常比例；在围度方向上，表现为人体的肩宽、胸围、腰围、臀围等符合正常比例。

人体的比例是以头的长度为单位进行计算的，且因种族、性别、年龄的不同而有所差异，欧洲人为 8 头身比例，这种人体比例和黄金比有着密切的关系，是最理想的人体比例。亚洲人为 7～7.5 个头身高，即上肢为 3 个头长，其中上臂为 4/3 头长，前臂为 1 个头长，手为 2/3 头长；下肢为 4 个头长，乳线至肚脐为 1 个头长，肩宽约 2 个头长，臂宽是 1.5 个头长。在外衣的结构设计中，有时为了有效地美化人体，会提高腰节线的位置，在确定服装长度分割和镶拼位置时，有时也要注意比例关系。

三、不同年龄的人体体型特征

人生长的不同时期，体型也在发生变化，因此在进行服装结构设计时，必须考虑到人体由于年龄、性别不同而存在的体型差异。

儿童时期，头颅大、颈短、躯干长、四肢短、肩狭而薄、腹围大于胸围和臀围、胸廓前后径与左右径大体相等，呈圆柱形；成人期，各部位骨骼肌肉已基本定型，正常身高为 7～7.5 个头长，胸廓前后径小于左右径，呈扁圆形；中老年时期，胸廓变得扁平，脊柱明显弯曲，由正常体过渡到非正常体。

四、人体测量

人体的体型特征是进行服装结构设计的基础，严格地说，每个人的体型特征各不相同，要设计出合体的服装，首先要对人体进行全面的了解，把握正确的体型特征。所谓量体裁衣就是说裁衣必须先将人体作为直接对象，进行人体测量，得出他的外表尺寸，取得具体数据。人体测量是为了把人体各部位的体型特征数字化，用精确的数据表示身体各部分的特征。人体测量是服装结构设计的可靠依据，使服装舒适美观，并且只有通过人体测量，取得大量的人体数据，并通过对数据的处理，才能制定出正常的号型标准。

1. 人体测量的基准点与基准线

基准点与基准线的确定是根据人体测量的需要，且都具备明显、易定、易测的特点，一般选在骨骼的端点、突起点及有代表性的部位上（见图 1-11）。

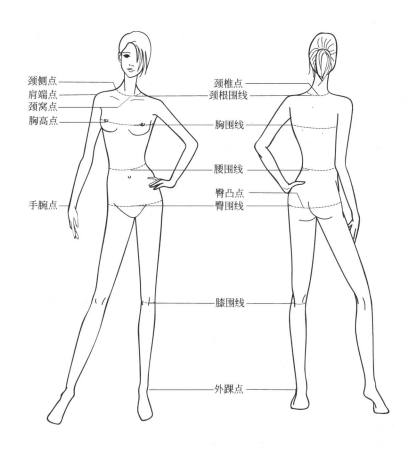

▲图 1-11 **人体测量的基准点与基准线**

（1）基准点

头顶点：头顶部最高点，位于人体中心线上。

肩端点：也称肩峰点。它是测量人体肩宽的基准点，也是测量臂长或服装袖长的起始点及服装袖肩点定位的参考依据。

颈椎点：位于颈后第七颈椎骨，是测量背长的起点。

胸高点：是确定胸省省尖方向和胸围线的参考点。

前腰节点：位于人体前腰部正中央处，是确定前腰节线的参考点。

后腰节点：位于人体后腰部正中央处，是确定后腰节线的参考点。

肘点：手臂稍微弯曲时，肘部最突出的点，是制定袖肘线、袖后侧缝及袖肘省省尖方向的依据。

手腕点：小拇指一侧的手腕有一明显凸点，即前臂尺骨最下端点，是测量袖长的参考点。

臀凸点：位于臀后部最高处，是确定臀省省尖方向和臀围线的参考点。

外踝点：是测量人体腿长的终止点，也是确定服装裤长的参考点。

（2）基准线

颈根围线：是人体躯干与颈部的分界线，它是测量人体颈根围长度的基准线，也是服装领围线定位的参考依据。

胸围线：前经胸高点的水平圆围线，它是测量人体胸围的基准线，也是服装胸围定位的参考依据。

腰围线：腰围最细处的水平圆围线，它是测量人体腰围尺寸的基准线，也是测量前后腰节终止线的参考依据。

臀围线：人体臀部最丰满处的水平圆围线，它是测量人体臀围长度的基准线。

膝围线：经膝盖中点的水平圆围线，是服装中裆线定位的参考依据。

2. 人体测量的方法和工具

（1）人体测量方法　进行人体测量时，被测者自然放松，一般取立姿或坐姿两种。立姿是被测者自然站立，呼吸平稳，双臂下垂贴于身体两侧，挺胸、抬头，两腿并拢，两脚自然分开成60°。

人体测量一般从前到后，由左到右，自上而下按顺序进行，分为高度测量、长度测量、围度测量和宽度测量四个方面，长度测量一般随人体体表起伏并通过中间定位的测点进行测量。

人体测量项目是由测量目的决定的，测量目的不同，所需要测量的项目也有所不同。根据服装结构设计的需要，进行人体测量的主要项目大体有以下几项。

身高：人体立姿时，头顶点至地面的距离。

颈椎点高：人体立姿时，颈椎点至地面的距离。

手臂长：肩端点至手腕点的距离。

颈围：以喉结下2cm为起点，经颈椎点至起点的周长。

胸围：经胸高点的胸部水平围长。

腰围：经腰部最细部位的水平围长。

臀围：经臀部最丰满处的水平围长。

肩宽：沿后背表面量左右两肩端点间的水平弧长。

前胸宽：从右侧腋窝沿前胸表面量至左侧腋窝的水平弧长。

后背宽：从右侧腋窝沿后背表面量至左侧腋窝的水平弧长。

前腰节长：由颈侧点经前胸丰满处量至腰围线的长度。

后腰节长：由颈侧点经后背量至腰围线的长度。

（2）人体测量工具

软尺：是最基本、最常用的测量工具。主要用于测量人体和服装成品的长度，其两面分别印有公制和英制或其他计量单位的刻度。

角度计：测量肩斜度、胸坡角等身体各部位角度的仪器。

可变式人体截面测量仪：用于测量人体水平横截面和垂直截面的工具。可通过细小测定棒水平地接触人体表面，从而得到人体横截面的形状。

人体轮廓线摄影机：从人体前面、侧面摄下1/10缩比的轮廓线的图像，可从各个侧面的照片中观察体型。

测高计：用于测量人体身高、坐姿高等各种纵向长度的工具。由管状带刻度的主柱和固定在主柱上的横臂组成，横臂可根据需要，上下自由调节。

第三节 服装号型标准

一、服装号型基础知识

1. 我国服装号型标准的发展状况

服装规格和获得尺码齐全的参考尺寸在结构纸样设计中是不可缺少的，对品质检验和管理也是至关重要的，这就需要按照人体发展的规律，制定好服装号型标准，使之科学化、规范化、系列化。1974～1975年我国首次以制定服装号型为目的，在全国按不同地区、阶层、年龄、性别，根据正常人体的体型特征和使用需要，选择最有代表性的部位，进行了人体测量，并对所掌握的大量数据运用数学理论进行分析计算，经合理归并而制定出第一部服装号型标准GB 1335—81，它不仅适用性广，而且有利于服装结构设计的规范统一，是服装规格设计的理论依据。

为了使号型更适合变化了的人体体型，号型标准GB 1335—91根据人体胸围和腰围的差量大小，将人体分为Y、A、B、C四种体型（见表1-3），反映了人体体型的变化规律，同时将男女成人和儿童号型分别列出，增设了婴儿号型系列，科学地解决了上下装的配套问题，为成衣产品能达到较好的合体性提供了理论基础。

表1-3 我国人体体型的分类　　　　　　　　　　　　　　单位：cm

体型分类代号		Y	A	B	C
胸围－腰围	男子	22～17	16～12	11～7	6～2
	女子	24～19	18～14	13～9	8～4

现行的号型标准GB 1335—97是在我国服装工业目前的实际水平的前提下制定的，具有实用性和可实施性，新标准为今后的服装生产、销售和购买提供了重要而可靠的依据。

2. 号型系列

号是指人体的身高，以cm表示，是设计服装长短的依据；型是指人体的胸围或腰围的大小，也以cm表示，是设计服装肥瘦的依据。成品服装上通常标明号、型，号、型之间用斜线隔开，后接体型分类代号，如160/84A，160表示身高是160cm，84表示净胸围是84cm，A表示胸腰之差。

把人体的号和型进行有规则的排列即为号型系列。在号型标准中规定成人身高以5cm分档，胸围以4cm和3cm分档，腰围以4cm、3cm和2cm分档，组成5·4系列、5·3系列和5·2系列（见表1-4）。

表 1-4　成人号型系列分档范围和分档间距　　　　　　　　　　　　　　　　单位：cm

型　　　号		男	女	分档间距
		155～185	145～175	5
胸围	Y 型	76～100	72～96	4 和 3
	A 型	72～100	72～96	4 和 3
	B 型	72～108	68～104	4 和 3
	C 型	76～112	68～108	4 和 3
腰围	Y 型	56～82	50～76	2 和 3、4
	A 型	58～88	54～84	2 和 3、4
	B 型	62～100	56～94	2 和 3、4
	C 型	70～108	60～102	2 和 3、4

3. 中间体和中心号型

　　根据大量实测的我国成人的身高、胸围、腰围数据的平均值构成的体型为中间体（见表 1-5）。中间体反映出了我国各类体型身高、胸围、腰围的平均水平，具有一定的代表性。中间体在一定的时期内具有相对的稳定性。中心号型是指在人体测量的总数中占最大比例的体型，就全国范围而言，各地区的情况会有所差别，因而应根据各地区的不同情况和产品的销售方向设置中心号型，但规定的系列不能变。

表 1-5　男女体型的中间体设置　　　　　　　　　　　　　　　　单位：cm

体　　　型		Y	A	B	C
男子	身高	170	170	170	170
	胸围	88	88	92	96
女子	身高	160	160	160	160
	胸围	84	84	88	88

二、号型与规格

　　服装号型标准包括不同体型人体的长度、围度、宽度方面的尺寸，这些尺寸是人体的实际尺寸，不包括服装的舒适放松量，是制定服装规格的依据。设计服装规格时必须依据主要部位即控制部位的尺寸（见表 1-6 和表 1-7），根据服装款式和风格造型，确定加放量。人体的控制部位有：身高、颈椎点高、坐姿颈椎点高、全臂长、腰围高、颈围、胸围、总肩宽、腰围、臀围，这些数值的确定，都是以"号""型"为基础。服装规格中的衣长、领围、胸围、腰围、臀围、总肩宽、袖长、裤长等，就是根据服装的款式和风格造型，用控制部位的净体尺寸加上不同放量而制定的。

　　需要注意的是，现在国内外资料中所采用的尺寸，有的是按净体尺寸出现的，有的已加了放松量，为了对这两种尺寸加以区别，凡是净体尺寸的，在部位代号的右上角加注"＊"，如胸围代号为 B，净胸围代号为 B＊。

表 1-6　$\frac{5\cdot4}{5\cdot2}$A 号型系列控制部位数值（女子）

部位	数值						
身高	145	150	155	160	165	170	175
颈椎点高	124.0	128.0	132.0	136.0	140.0	144.0	148.0
坐姿颈椎点高	56.5	58.5	60.5	62.5	64.5	66.5	68.5
全臂长	46.0	47.5	49.0	50.5	52.0	53.5	55.0
腰围高	89.0	92.0	95.0	98.0	101.0	104.0	107.0
胸围	72	76	80	84	88	92	96
颈围	31.2	32.0	32.8	33.6	34.4	35.2	36.0
总肩宽	36.4	37.4	38.4	39.4	40.4	41.4	42.4

部位	数值														
腰围	54	56	58	60	62	64	66	68	70	72	74	76	78	80	82
臀围	77.4	79.2	81.0	82.8	84.6	86.4	88.2	90.0	91.8	93.6	95.4	97.2	99.0	100.8	102.6

表 1-7　$\frac{5\cdot4}{5\cdot2}$A 号型系列控制部位数值（男子）

部位	数值							
身高	155	160	165	170	175	180	185	
颈椎点高	133.0	137.0	141.0	145.0	149.0	153.0	157.0	
坐姿颈椎点高	60.5	62.5	64.5	66.5	68.5	70.5	72.5	
全臂长	51.0	52.5	54.0	55.5	57.0	58.5	60.0	
腰围高	93.5	96.5	99.5	102.5	105.5	108.5	111.5	
胸围	72	76	80	84	88	92	96	100
颈围	32.8	33.8	34.8	35.8	36.8	37.8	38.8	39.8
总肩宽	38.8	40.0	41.2	42.4	43.6	44.8	46.0	47.2

部位	数值																
腰围	56	58	60	62	64	66	68	70	72	74	76	78	80	82	84	86	88
臀围	75.6	77.2	78.8	80.4	82.0	83.6	85.2	86.8	88.4	90.0	91.6	93.2	94.8	96.4	98.0	99.6	101.2

思考与练习

1. 服装结构制图有几种方法？

2. 人体主要部位是怎样划分的？

3. 人体与服装的关系主要表现在哪几个方面？双曲面、椭圆抛物面部位的结构造型重点应考虑什么？

4. 为什么服装需要放松量？

5. 为什么要确立人体的基准点和基准线？人体的基准点和基准线是否存在稳定性？

6. 人体测量部位主要有哪些？其测量方法如何？测量中应注意哪些问题？

第二章 下装结构制图

- 第一节 裙装结构
- 第二节 裤装结构

学习目标

1. 了解裙装变化的结构规律，进行裤装结构的综合分析；
2. 掌握下装的基本结构、制图原理及其运用。

　　人体腰围线以下穿着的服装统称为下装，作为包裹人体腹臀部及腿部的装束，下装又可分为裙装和裤装。裙装是女子下装的重要品种，裤装是男女下装的主要品种。

第一节　裙装结构

一、裙装的分类及其名称

裙装的种类繁多，其分类方法也是多种多样的，按其基本结构大致可以从三个方面进行分类。第一种按照裙装的长度划分；第二种按其工艺处理形式划分；第三种按在臀围线上裙装与人体的贴合程度划分，具体分类如下。

1. 按照裙装的长度进行分类（见图2-1）

（1）超短裙　长度至臀沟，腿部几乎完全外裸的裙装。

（2）短裙　长度至大腿中部的裙装。

（3）及膝裙　长度至膝关节上端的裙装。

（4）过膝裙　长度至膝关节下端的裙装。

（5）中长裙　长度至小腿中部的裙装。

（6）长裙　长度至脚踝骨的裙装。

（7）拖地长裙　长度至地面的裙装。

2. 按照裙装的工艺处理形式进行分类

① 以省道工艺为主，结构严谨的裙装，如西服裙、一步裙等。

② 以表现裙褶方向，自然褶及规律褶的裙装，如阶梯式缩褶裙、16褶规律褶裙等。

③ 以采用纵向、横向、斜向及不对称分割的裙装，如八片裙、育克分割裙、不对称分割裙等。

以上三种形式均使平面的材料近似于人体曲面，使成品服装既符合结构需要，又具有装饰效果。

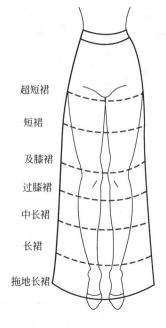

超短裙
短裙
及膝裙
过膝裙
中长裙
长裙
拖地长裙

▲图2-1　按裙装的长度分类

3. 按照臀围线上裙装与人体的贴合程度进行分类

（1）直身裙　贴体性较强，结构较严谨的裙装款式，成品造型以呈现端庄、优雅为主格调，动感不强。如旗袍裙、筒形裙等。

（2）A形裙　裙摆量介于直身裙和波浪裙之间，是比较贴体的裙装款式。如A字裙、斜裙等。

（3）波浪裙　臀围线处放松量大，结构较为简单、动感较强的裙装款式。如喇叭裙、圆桌裙等。

二、裙装与人体体型特征的关系

裙装结构与人体体型的关系主要表现在以下几个方面。

1. 根据人体体型特征进行裙装的功能性设计

(1) 腰至臀围线的确定　人体的下肢通常以 5 个头长来定，腰至臀围线基本为一个头长，减去裙腰的宽度，臀长约为下档长的 2/3。

(2) 腰部的宽松量设计　通常人们所测的腰围尺寸，是在人体直立、自然呼吸的状态下，腰部水平围量一周的净尺寸。一般情况下，在进餐前后，腰围约有 1.5cm 的变化量；坐姿时，腰围约平均增加 1.5cm。因此，腰部的放松量通常为 0～2cm，符合人体正常的活动需要。

(3) 臀部的宽松量设计　通常人们所测的臀围尺寸，是在人体直立状态下，臀部水平围量一周的净尺寸。当人坐、蹲时，皮肤随动作发生横向变形，使围度尺寸增加。实验证明，当人坐时臀围平均增加 2.6cm 左右，蹲或盘腿坐时，臀围平均增加 4cm 左右。因此，臀围的最小放松量为 4cm。

(4) 裙摆的功能性设计　裙子的摆围大小直接影响穿着者的各种动作及活动。实验证明，最小摆围设计为：以臀围线为基数，在臀围线以下裙长每增加 10cm，每四分之一裙片的侧缝线处下摆需扩展 1～1.5cm，以满足其基本活动量。如果摆围小于最小值，则需设计褶裥或开衩，且开衩止点应高于膝关节，以弥补其运动量的不足。

(5) 开口设计　人的正常体型是腰细臀大，为了穿脱方便必须设计开口。开口位置可在前、后及侧面，或其他位置，开口长度应止于臀围线附近。

综上所述，在进行裙装结构的设计时，与人体体型相关的控制部位主要有腰围、臀围、裙长和下摆围四个尺寸，其中的腰围、臀围属于结构数据，是完成裙装结构设计的重点；裙长、下摆属于造型数据，完全取决于款式和流行的需要。

2. 裙省设计与人体体型的关系

在设计合体型裙子时，如何将腰腹差、腰臀差产生的省量很好地融于款式设计之中，是进行裙装设计时必须考虑的问题。其主要包含两个方面：一方面要求达到臀腰部位的合体，另一方面也要使款式的变化多样，使裙装呈现出多种表现形式。为了达到这两方面的要求，更好的解决腰腹差及腰臀差，合理的省道设计就显得尤为重要。

(1) 裙省的位置、方向及长度设计　由于人体体型的特征，臀凸低于腹凸，且形态比较缓和，不像胸凸和肩胛凸那样明显，因此其裙省应做如下设计。

作用于腹凸的省道，其长度止于中腰线附近，一般情况下为 8～9cm，并尽可能均匀分布；作用于臀凸的省道，其长度止于中腰线与臀围线之间，一般情况下为 11～13cm，也需均匀分布设计。由于女性臀凸较明显处靠近后中线，且形状圆而尖，故靠近后中线的省略长于靠近侧缝的省 1cm。

(2) 裙省的省量、数量设计　裙省的省量，每个省一般控制在 1.5～3cm。省量过小，起不到收省的作用；省量过大，省尖过于尖凸，加上熨烫也难以消失。一般情况下，边缘省在侧缝部位应控制在0.5～3cm，其他部位应控制在0.5～2cm，最大不超过2.5cm。在设计时，根据具体的腰臀差，如果省量大于3cm，则一分为二；如果小于1cm，则合二为一。

整个腰围的裙省个数一般是4、6、8个，若为4个或8个，则前后片各取一半，并以对称形式出现；若为6个，则前2个后4个，也呈对称形式出现。裙片分割缝中的省道由分割线数来确定，省量包含在分割线内。从工艺上来讲，省量越大则省长越长，反之则省长越短。

(3) 裙省与造型设计规律　造型合体的裙装款式，其省道设计处理为：省道个数多、份量大、长度长、距离凸点近，省道应适应人体的曲线造型。反之造型宽松、省道消失。裙省与造型设计规律，见表2-1。

表2-1　裙省与造型设计规律

造　型	形　状	省尖距凸点距离	长　度	数　量	份　量	侧缝线
合体型	曲线型	距离近	长	多	大	呈曲线
宽松型	直线型	距离远	短	少或无	小	呈直线

3. 裙装腰口线的处理

我们知道裙装呈圆筒状或圆锥状包裹住人体下半身，圆筒或圆锥下口敞开，里面没有任何牵绊，全部重力都靠裙腰部支撑附着于人体腰部，正常款式的裙腰口线只有落在人体的自然腰围线上，裙装才能很好地包裹住人体的下半身，达到侧缝垂直、下摆水平的状态。

如果裙装不能很好地悬垂，侧缝将摆向前片或后片，裙摆将出现前翘后贴或相反现象。在裙装原型立体构成图中（见图2-2），前后腰围线是不在同一水平线上的，一般后腰线比水平线低0.6～1.2cm(常取1cm)，结构处理为后中腰线要下落，使其呈前高后低的斜线状态时，方可达到均衡包裹人体、裙摆水平的理想穿着效果。

4. 裙装侧缝线的处理

从造型美观的角度考虑，侧缝宜居于侧体正中稍偏后的位置。制图时一般前臀围偏大，取H/4＋1cm；后臀围偏小，取H/4－1cm，其中1cm的调节量适用于正常人体的体型，这样是为了保证前片造型的完整性。由于人体腹凸量小于臀凸量，在处理特殊体型时，要根据具体情况区别对待。如腹凸量偏大的体型，前臀围比例应适当增加，后臀围比例适当减小。

三、裙装基础结构制图

裙装原型以直身裙为代表款式，其造型结构简洁，一直被人们广泛地接受与喜欢。其臀围线以上为合体状态，臀围线以下呈直身型；同时为了满足穿着的功能性，下摆处需要进行开衩设计。裙装原型是裙装的基型，在此基础上可以进行各种裙装款式的变化。

1. 主要测量部位

(1) 腰围　在中腰最细处水平围量一周，腰部放松量一般取0～2cm。

（2）臀围　在臀部最丰满处水平围量一周，臀部放松量因款式、造型的不同而不同，但要满足基本活动量，一般情况下，臀围的最小放松量为4cm，同时还应考虑面料的弹性及延伸性能。

（3）裙长　从腰围线垂直向下量至所需长度，详细尺寸应根据流行及具体款式而定。

2. 规格设计

选用号型：160/66A

$$W = W^* + (0\sim2cm)\ \text{松量}$$
$$H = H^* + (4\sim6cm)\ \text{基本放松量}$$
$$裙长 = 64cm$$

3. 裙装基本纸样的绘制说明（见图2-2）

（1）作一长方形线框　使线框长＝裙长－腰头宽，线框宽＝1/2(H＋4cm)。

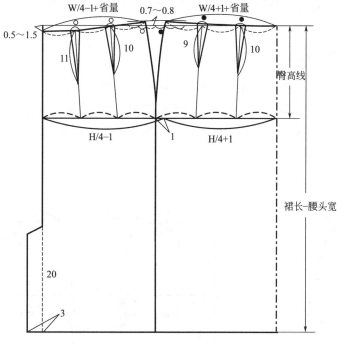

▲图2-2　裙装基本型

（2）确定侧缝线　将臀围线平分从中点向下做腰围线的垂线，前臀围＝H/4＋1cm(前后差)，后臀围＝H/4－1cm(前后差)，使前裙片略大于后裙片。

各国女装原型因体型的不同，侧缝位置略有不同，以适应各地区妇女体型。如英式、美式原型中裙片前片小于后片，后片省量也大于前片。主要考虑到西方妇女臀部较丰满，而日本女装原型和国内一些裙装在裁剪时是前片大于后片，目的为了保证前片造型的完整性和美观性。

（3）确定臀高线　从腰围WL向下到臀围HL，取1/10号＋2.5cm左右定点作水平线。

臀高，即指臀部丰满程度的高低位置。如亚洲妇女体型臀部丰满，但位置较低，一般取值为 18～20cm；西方妇女则臀高较高，一般取值为 15～16cm；非洲妇女臀部翘起，臀高更高，因此取值会更小一些。

（4）确定腰围线　由前中心线向侧缝线方向量取前腰围＝W/4＋1cm，将前臀围与前腰围之间的差量部分三等分，其中 1/3 为前侧缝撇量，2/3 为前腰省量。在 2/3 等分点处抬高 0.7～0.8cm 的侧缝起翘量，完成前腰口弧线及前侧缝弧线。后片先将后中心线上端点下落 0.5～1.5cm，然后重复与前片相同的操作，完成后腰口弧线和后侧缝弧线。若采用公式计算为：前腰围＝W/4＋1cm(前后差)＋4cm(省量)，后腰围＝W/4－1cm(前后差)＋4cm (省量)。

（5）确定省道位置　将前后腰围弧线各三等分，等分点为省道中心位置。过该点作腰围弧线的垂线（省道一般要垂直于腰口弧线），前片省长为 9～10cm，后片为 10～11cm。

（6）完成线　一般前片前中心线处无缝线，是完整连接的；而后片需留出裙衩，且上端要安上拉链，所以后片一般是分开裁的。

四、裙装结构制图

1. A字裙 (见图2-3)

（1）款式风格　A字裙的裙摆量介于直身裙与波浪裙之间，其腰部 1/4 裙片有一个省、两个省或无省道，比较贴体。其结构设计原理是在裙装原型的基础上直接将下摆放大，或将部分腰省转为下摆扩展量。裙长可长可短，具体尺寸根据造型来定。

（2）规格设计

选用号型：160/66A。

▲图2-3　A字裙

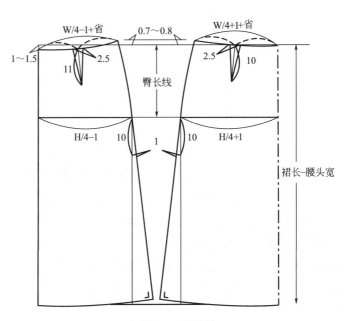

▲图2-4　制图法

裙长＝0.4 号±a，其中 a 为常量，根据款式而定。

$$W = W^* + (0\sim2cm) \text{ 松量}$$
$$H = H^* + (4\sim6cm) \text{ 松量}$$

（3）结构制图

方法一：A 字裙在其腰口处保留一个省道，通过适当倾斜侧缝线来获得裙摆量。

先按裙长、腰围、臀围及臀长（人体腰围线至臀围线的长度）尺寸作裙装原型框架结构；再完成侧缝撇量和腰口处一个省量的设计；然后在侧缝处增加裙摆量，确定 A 字裙造型，画顺侧缝线；最后完成裙子的腰口线及下摆（见图 2-4）。

方法二：通过转移裙装原型腰部的一个省量获得裙摆量，完成 A 字裙绘制（见图 2-5）。

先按裙长、腰围、臀围及臀长尺寸作裙装原型框架结构；再闭合腰口处一个省量，裙摆放出量由腰省拼合后自然形成；然后重新修正剩余一个省量的位置，将其放在腰口线的 1/2 处；最后完成裙子的腰口线及下摆。

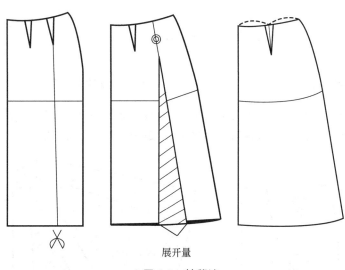

展开量

▲图 2-5　转移法

2. 波浪裙（见图 2-6）

（1）款式风格　波浪裙又称为喇叭裙，其结构随裙片的数量及裙摆的大小而变化。按裙片的数量，可分为一片、两片、四片、六片、八片等形式；按裙摆的大小，可分为半圆裙、全圆裙及任意摆裙。

（2）规格设计

选用号型：160/66A。

裙长＝(0.4~0.6 号)±a，其中 a 为常量，根据款式而定。

$$W = W^* + (0\sim2cm) \text{ 松量}$$
$$H = H^* + (8\sim12cm) \text{ 松量}$$

（3）结构制图

方法一：采用几何直接作图法。先按裙长尺寸、腰围 W/n(n 为裙片数)，作一矩形；再在腰口线的中心处用直角尺旋转，使裙片的腰围＝W/n(n 为裙片数)；然后运用直角旋转设计波浪裙，其臀围的放松量最小为 8～10cm（见图 2-7）。如果用腰围的提高尺寸 x 来控制下摆宽度时，则 x 最小取值为 3cm；最后完成裙片的腰口线及下摆处弧线。

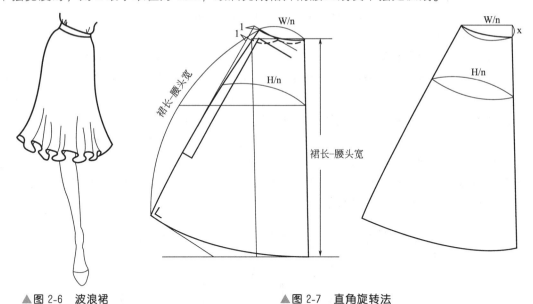

▲图 2-6　波浪裙　　　　　　　　　　　　▲图 2-7　直角旋转法

　　方法二：波浪裙在腰部没有省道，可以通过转移裙装原型腰部的省量先获得一定裙摆量，在此基础上再进行拉展来获得较大裙摆量，使臀部产生较大的松量（见图 2-8）。

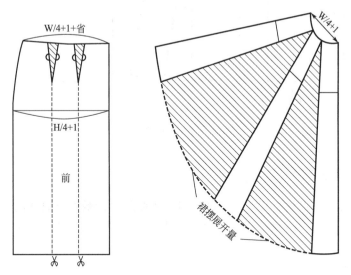

▲图 2-8　切展法

　　先按裙长、腰围、臀围及臀长尺寸作裙装原型框架结构；再闭合腰省量后，继续展开裙片，增大裙摆量；最后完成裙片的腰口线及下摆处弧线。

　　方法三：利用圆周率，根据腰围尺寸计算出圆的半径，得到半圆裙和全圆裙（见图 2-9）。

　　先根据腰围尺寸计算出半圆裙的半径为：$R = W/3.14 \approx W/3 - 1cm$，全圆裙的半径为：$R = W/(2 \times 3.14) \approx W/6 - 0.5cm$，由此可见，在腰围尺寸相同的情况下，半圆裙的半径是

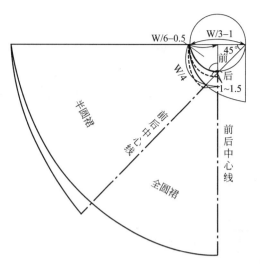

▲图 2-9　圆周率法

全圆裙的直径；再做出裙长，最后完成裙片的腰口线及下摆处弧线。

 3. 六片鱼尾裙（见图 2-10）

（1）款式风格　此裙为六片纵向分割鱼尾造型，强调臀部的流线型。在扩展点以上为直身裙型，扩展点以下位置形成斜裙。

（2）规格设计

选用号型：160/66A。

裙长＝0.4 号±a（短裙）或 0.5 号±a（长裙），其中 a 为常量，根据款式而定。

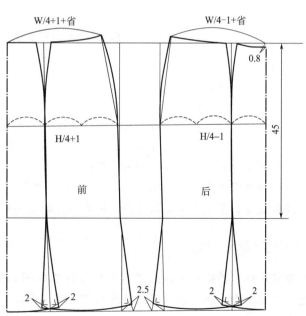

▲图 2-10　六片鱼尾裙结构

$$W = W^* + (0\sim2cm)\ 松量$$
$$H = H^* + (4\sim6cm)\ 松量$$

（3）结构制图　先按裙长、腰围、臀围及臀长尺寸作裙装原型框架结构；再确定纵向分割线的位置，在臀围线上距离前后中心线 1/3 处完成分割；然后完成侧缝撇量和省量的设计，将省量处理在分割线内，画顺侧缝线；最后根据款式造型设计裙摆扩展位置，并在分割线及侧缝处放出下摆扩展量。

4. 斜向分割鱼尾裙（见图 2-11）

（1）款式风格　此裙为斜向分割鱼尾造型，分割线以下为波浪造型，增强裙装的飘动感。

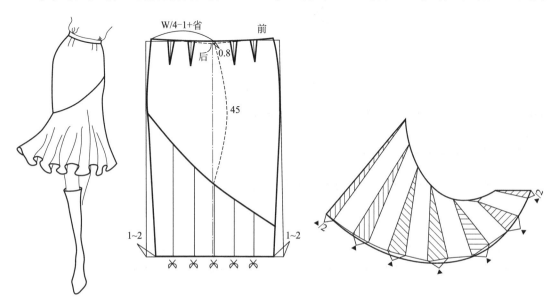

▲图 2-11　切展法得到斜向分割鱼尾裙

（2）规格设计

选用号型：160/66A。

裙长 = 0.5 号 ± a(长裙)，其中 a 为常量，根据款式而定。

$$W = W^* + (0\sim2cm)\ 松量$$
$$H = H^* + (4\sim6cm)\ 松量$$

（3）结构制图　先按照裙长、腰围、臀围及臀长尺寸作出裙装原型框架结构；再将裙原型的两边侧缝线向里收进 1～2cm，根据运动功能性及美观性作出斜向分割线；其分割线以下采用切展法处理，使之产生波浪造型，前后片处理方法相同。

5. 褶裥裙（见图 2-12）

（1）款式风格　前裙片中线处进行褶裥设计的休闲 A 字裙，无腰设计，前后裙片各有两个省道，臀部造型合体，前面有立体式贴袋，袋口连翻盖。

（2）规格设计

选用号型：160/66A。

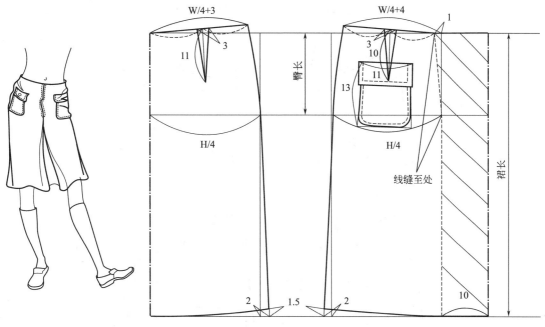

▲图 2-12　褶裥裙结构

裙长＝0.5 号±a(长裙)，其中 a 为常量，根据款式而定。

$$W = W^* + (0 \sim 2cm) \text{ 松量}$$

$$H = H^* + (4 \sim 6cm) \text{ 松量}$$

（3）结构制图　先按裙长、腰围、臀围及臀长尺寸作裙装原型框架结构；在裙两边侧缝线向外放出 2cm，前中线处设计 20cm 褶裥量，满足运动功能性的同时完成美观性设计；中心线处缝合一定长度，对褶裥起到固定作用。

6. 不对称分割 A 字裙（见图 2-13）

（1）款式风格　前后裙片腰口处保留 A 字裙的省道设计，并进行不对称斜线分割，下摆处做切展处理，加大摆宽的同时增强了裙装的动感。

（2）规格设计

选用号型：160/66A。

裙长＝0.4 号±a(长裙)，其中 a 为常量，根据款式而定。

$$W = W^* + (0 \sim 2cm) \text{ 松量}$$

$$H = H^* + (4 \sim 6cm) \text{ 松量}$$

（3）结构制图　先按裙长、腰围、臀围及臀长尺寸作 A 字裙框架结构；根据造型分别确定前后裙片的不对称分割线以及不对称下摆的设计，注意前后分割线在侧缝处的衔接；最后在波浪造型处对分割的部分裙片采用切展，拉开所需产生波浪造型的摆量。

7. 高腰对合褶裙（见图 2-14）

（1）款式风格　高腰款式，腰腹部采用横向分割，在前后裙片的分割线以下，后中心线

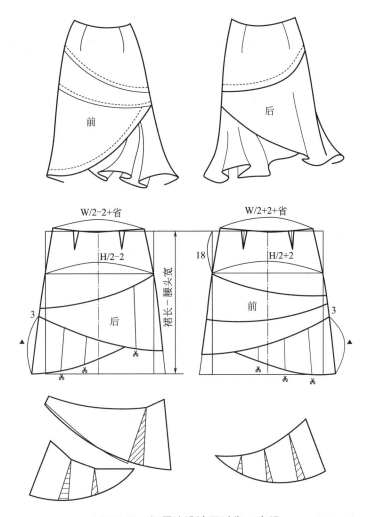

▲图 2-13　切展法设计不对称 A 字裙

及省缝线处各设计 10cm 的对合褶，以增加裙摆宽度。侧缝处纽扣的设计具备实用性的同时，又有很好的装饰效果，更显得该款裙装时尚亮丽。

（2）规格设计

选用号型：160/66A。

裙长＝0.4 号±a（长裙），其中 a 为常量，根据款式而定。

$$W = W^* + (0\sim2cm)\ 松量$$

$$H = H^* + (4\sim6cm)\ 松量$$

（3）结构制图　先按裙长、腰围、臀围及臀长尺寸作 A 字裙框架结构；在臀围线以上 5cm 处做横向分割，分割线以上的腰腹部经收省后贴身合体，分割线以下沿省中线做剪切线，平移产生对合褶量；腰部为连腰款式，由腰口线向上增加 5cm 的腰头宽，侧缝设计纽扣。

8. 宽松式连衣裙（见图 2-15）

（1）款式风格　宽松型斜门襟连衣裙，款式简洁、大方，腰部的装束起到画龙点睛的

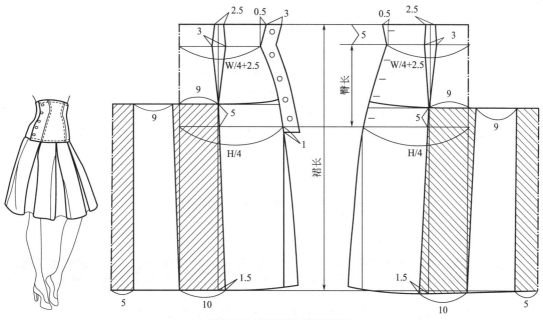

▲图2-14　高腰对合褶裙结构

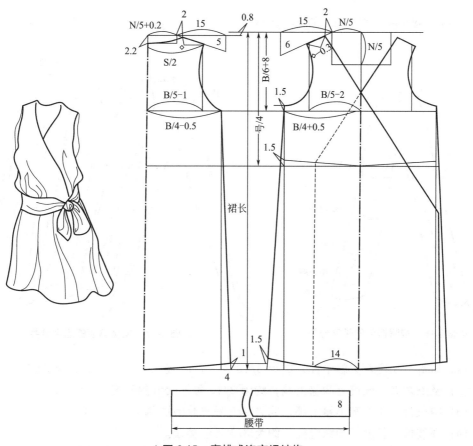

▲图2-15　宽松式连衣裙结构

作用。

(2) 规格设计

选用号型：160/66A。

裙长＝0.6号±α(长裙)，其中 α 为常量，根据款式而定。

$$B = B^* + 8cm \text{ 松量}$$

(3) 结构制图　根据胸围尺寸设计宽松式连衣裙，胸省分解至袖与侧缝起翘内，腰部、臀部随胸围尺寸来定。斜门襟，左襟止口过中心线 14cm，宽腰身，腰部束 8cm 的宽腰带。

第二节　裤装结构

一、裤装的分类及其名称

裤装是男女下装的主要品种，其结构种类很多，根据观察角度的不同，可以产生不同的分类方式。

1. 按照裤装的长度分类（见图 2-16）

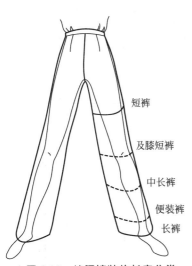

▲图 2-16　按照裤装的长度分类

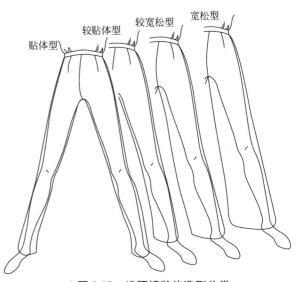

▲图 2-17　按照裤装的造型分类

(1) 短裤　长度至大腿中部，约为 3/10 号－7cm 或 1/4 号＋1.5cm 的裤装。

(2) 及膝短裤　长度至膝盖上端，约为 3/10 号＋4cm 的裤装。

(3) 中长裤　长度至小腿上部，约为 2/5 号＋4cm 的裤装。

(4) 便装裤　长度至脚踝骨处，约为 3/5 号的裤装。

(5) 长裤　长度至脚踝骨以下，约为 3/5 号＋(2～8)cm 的裤装。

2. 按照裤装的造型分类（见图 2-17）

（1）贴体型裤　臀部贴体，臀围的放松量为 0～6cm 的裤装。

（2）较贴体型裤　臀部较贴体，臀围的放松量为 6～12cm 的裤装。

（3）较宽松型裤　臀部较宽松，臀围的放松量为 12～18cm 的裤装。

（4）宽松型裤　臀部宽松，臀围的放松量为 18cm 以上的裤装。

二、裤装与人体体型特征的关系

与裙装相比，裤装的结构相对要复杂一些，这是因为裤装不仅要解决臀腰差的问题，同时还要解决裆部的合体问题，这也是裤装要解决的主要问题。

1. 裤装裆部结构

（1）前后裆弯的结构设计分析

① 裤装裆弯的形成。裤装的裆弯与人体臀部和下肢连接处所形成的结构特征密切相关。观察人体的侧面，臀部像一个前倾的椭圆形，以耻骨联合点做垂线，把前倾的椭圆形分为前后两个部分：前一半靠上的凸点为腹凸，靠下较平缓的部分是前裆弯；后一半靠下的凸点为臀凸，同时形成后裆弯。如果加以比较：我们会发现后裆弯＞前裆弯，同时又由于人体臀部的运动特征是屈大于伸，当人体向前弯曲时，后裆宽度也应增加必要的活动量。

② 大小裆的分配。上裆的总宽度反映躯干的厚度，即前腹至后臀沟的厚度。在裤装的结构制图中，表现为前裤片的小裆和后裤片的大裆连接。按正常体，臀围的大小和大腿根的粗细，决定着裆部的宽度。裆宽在很大程度上决定裤子的适体性，裆宽过大会影响横裆尺寸及下裆线的弯度，产生吊裆现象，影响穿着的美观性；裆宽过窄则又会使臀部绷紧，造成运动不便。因此在制图设计时，常以臀围为依据计算，分配大、小裆的尺寸，一般裤装上裆宽占臀围的 $\frac{1.4}{10}H \sim \frac{1.6}{10}H$，其中小裆宽占 $\frac{0.4}{10}H$，大裆宽占 $\frac{1.2}{10}H$，故形成的前后裆弯的比为 1：3（见图 2-18）。

一般人体腹臀宽 AB＝0.24H*，故裤装上裆宽 A′B′＝AB＋少量松量－材料伸长量＝0.24H*＋少量松量－材料伸长量。当裤装造型为裙裤时，前后下裆缝夹角 α＋β＝0°，上裆宽＝0.21H。当裤装造型由裙裤向贴体风格裤装结构变化时，前后下裆缝夹角 α＋β 增大，下裆缝拼合后，上裆宽≥0.21H。为使裤装造型美观又可满足人体体型的要求，可减小上裆宽 A′B′，一般裤装上裆宽取 0.14H～0.16H 便可适应各种裤装要求（见图 2-19）。

根据裤装宽松程度的不同，上裆宽的设计如下。

贴体型：$\frac{1.4}{10}H \sim \frac{1.5}{10}H$

较贴体型：$\frac{1.45}{10}H \sim \frac{1.55}{10}H$

较宽松型：$\frac{1.5}{10}H \sim \frac{1.6}{10}H$

宽松型：$\frac{1.5}{10}H \sim \frac{1.6}{10}H$（受臀围放松量的影响）

③ 后上裆斜线的倾斜度。裤装后上裆倾斜度的变化，受臀部丰满程度和腰臀差的大小两方

面因素的影响：一方面由于裤装存在裆部结构，要求穿着后既要确保人体的运动，另一方面又要符合臀部的合体性。因此臀部的丰满程度决定了后上裆斜线的倾斜度，即后中缝的倾斜程度。

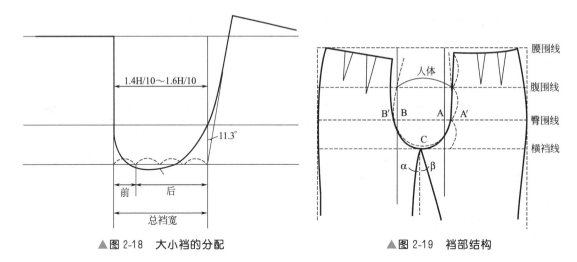

▲图 2-18　大小裆的分配　　　　　　　　　▲图 2-19　裆部结构

正常人体后上裆斜线的倾斜度约为 11.3°，为便于计算将较贴体裤后裆斜线同腰口垂直线之间距离取 5cm，来确定后上裆斜线的倾斜程度。一般情况下，当臀大肌发达，臀部比较丰满时，后上裆斜线的倾斜角度较大，需要在基本型的纸样上剪开并展开一定量，来满足臀部的活动空间（见图 2-20）；在臀部扁平情况下，后上裆斜线的倾斜角度较小，应在基本型的纸样上重叠一定量，确保臀部的合体（见图 2-21）。

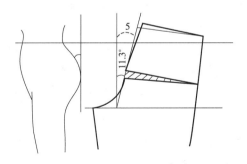

▲ 图 2-20　臀部丰满情况下后裆
　　　　　　斜线的倾斜角度

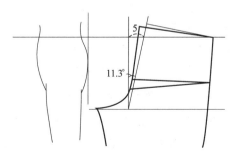

▲ 图 2-21　臀部扁平情况下后裆
　　　　　　斜线的倾斜角度

另一方面腰臀差的大小变化，即裤装款式的不同在影响裤装外观造型的同时，也对后上裆斜线的倾斜角度产生变化。其中裙裤类，后上裆斜线的倾斜度为 0°；宽松裤类为 0°～5°；较宽松裤类为 5°～10°；较贴体裤类为 10°～15°；贴体裤类为 15°～20°。

（2）裤装后腰翘的结构分析　裤装的后腰翘，指后片腰线与后中缝交点的抬高量。其作用，能够使后中缝和后裆弯的总长增加，以满足人体臀凸结构以及前屈运动时，裤装后中线的伸长量。并在人体做下蹲运动时不至于过分牵紧，避免造成腰部向下拉拽而产生的不舒适感。

从结构设计方面分析，由于后中线的倾斜，同时又要保证后中线与腰口线所成夹角接近90°，避免腰口线与后中线交点处出现凹陷，因此产生后腰翘。后腰翘的大小受后中线倾斜程度大小的影响，后中线倾斜越大，后腰翘也越大。一般情况下，较贴体裤装的后腰翘可用公式 0.02H 来计算。

（3）裤装落裆量的结构设计

① 落裆量的产生。在裤装的结构设计中，后片的上裆深度一般要大于前片的上裆深度，前后裤片的上裆深度之差称为"落裆量"。其产生原因，一方面因为人体结构后裆弯的最低点低于前裆弯；另一方面由于人体进行前伸运动时，后裆弯伸大，落裆量的产生可以增加整个裆弯尺寸，以符合人体的运动需求。同时落裆量的产生，也弥补了由于前后裤片裆弯宽度的不同，而造成的内侧缝长度不等的情况。由于前后裤片裆弯宽度的不同，使前后裤片内侧缝线的长度出现了差数，修正其差数，即后片产生落裆量，将会降低缝制过程中产生的难度。

② 落裆量的取值。落裆量的大小随前后裆弯宽度的变化而变化，前后裆弯宽度的差数越大，落裆量也越大。反之，当前后裆弯宽度趋于相等时，落裆量几乎为零。如裙裤的落裆量为零。

落裆量的大小还与裤长和裤口的大小变化有关，在臀围相同的情况下，正常裤装的落裆量为 1～1.5cm，而短裤的落裆量为 2～3cm；裤口越大，裤管的锥度越小，所形成的落裆量越小。裤口越小，裤管的锥度越大，所形成的落裆量也越大。

（4）裤装上裆尺寸的设计　裤装上裆尺寸是裤装裆部结构中比较重要的部分，主要包括：上裆总长和直裆（立裆深）。

① 上裆总长的作用。上裆尺寸的设计直接影响裤装的适体性与功能性，该值的准确与否直接影响到裆部的舒适程度。当上裆总长过小时，成品裤装在裆部与人体之间没有空隙，会产生勾裆现象；当上裆总长过大时，成品裤装在裆部与人体之间空隙过大，行走时对裤腿有一定的牵拉，产生吊裆，影响人体运动的同时，还不美观。因此合适的上裆总长既要保证与人体有一定的空间，便于运动，又要适体、美观。

② 上裆总长的测量。将软尺的一端从腰节开始向下穿过裆下，环量至后腰节并增加 2～3cm 的放松量，也可以通过臀围计算得到，其尺寸约为 1/2 净臀围 ＋（22～24）cm。

③ 直裆、立裆深的测量方法。

直接测量方法：一种是人体站立时，测量人体下裆长（裆至踝骨），然后用裤长－下裆长；另一种是人体坐姿时，测量腰部最细部位至椅子表面的长度 ＋3cm。

间接计算方法：一种是用上裆总长的 2/5 来计算；另一种是用 1/4 臀围 ＋（3～5）cm 来计算，这种方法将上裆尺寸与臀围相联系，忽略了下肢长度对上裆的影响，当人体下肢短而臀围大时，用此法求出的上裆会太深，因此存在一定的误差。常用裤长/10 ＋ 臀围/10 ＋（8～10）cm 来计算。

2. 前后裤片省量的设计规律

裤装中产生的臀腰差，采取在前后裤片上收取一定省量的方法，来消除臀腰差达到合体的效果。腰口线处省量的设计方法如下。

（1）对人体腰臀的局部特征进行分析　人体臀大肌的凸度和后腰差量最大，大转子凸度和侧腰差次之，最小的差量是腹部凸度和前腰。因此，当设计合体型裤装时，前身的省量应小于后身。当人体体型特殊或裤型发生变化时（如宽松裤型），腰臀差发生变化，则腰省（褶）的设计也相应发生变化。

（2）后裤片腰省的设计规律

① 省量。后裤片省量受腰臀差和臀凸量的双重控制。无论后裤片腰省的个数多少，每个省的省量应控制在 2～2.5cm 为最佳，最大不超过 3cm。还应注意到在裤装的省量设计中，前片可以无褶，后片绝不能无省。如果后片采用无省设计，则必然有分割线的存在，将省道转移至分割线内，如牛仔裤后片的横向分割设计。

② 省的个数。在有省的情况下，1/4 裤片的腰省个数一般为 1～2 个（根据省量来确定），均应左右对称。

③ 省位。1 个省设计在后腰线的 1/2 处，2 个省则分别设计在后腰线的 1/3 处，以保持设计平衡。

④ 省长。靠近后中线的省长为 10～11cm，靠近侧缝线的省长为 9～10cm。

（3）前裤片腰省（褶）的设计规律

① 省（褶）量。对于正常体型，不论省（褶）的个数多少，每个省（褶）的量均为 2～4cm。一般情况下，靠近烫迹线处的褶量要大些，靠近侧缝线处的褶量则要小一些。这是因为侧缝处的省量不宜过大，若省量取值过大，则会引起侧缝处弧度过大，影响裤装的外观造型。

② 省（褶）的个数。前裤片在设计褶的情况下，褶数一般为 1～2 个。褶数量的设计，一方面是根据褶量的大小来确定，另一方面是根据款式造型来确定。通常情况下，褶总量为 5～7cm 时，可设计成 2 个褶；为 7～10cm 时，可设计成 3 个褶。褶量每增加 2～3cm，褶数则增加 1 个。

③ 省（褶）位。褶位设置一般以烫迹线为参考依据，一个褶时，常设计在烫迹线上；两个褶时，一个设计在烫迹线上，另一个则设计在烫迹线与侧缝线之间。

3. 前后裤片的围度结构分析

（1）围度结构分析　主要是指腰围、臀围及与围度相关的上裆窿门宽、中裆宽、裤口围等部位。其在前后裤片上的尺寸分配方法，是裤装结构围度框架的组成方法。其结构组成主要分为适合体型的尺寸（包括腰、臀、上裆窿门宽，主要作用为了适合体型）和款式造型尺寸（包括中裆宽、裤口围），其尺寸的变化均与裤装造型有关。

（2）中裆围和裤口围的结构设计分析　当人体静态直立时，上肢自然下垂，且呈略向前倾状态，其中指指向人体下肢宽度的 1/2 略偏前部位。故设计侧缝线时，宜以这个位置为好，并且口袋设计在侧缝线上，便于手伸插口袋。

裤身的横裆以下部位，按其侧缝分配，形成前裤身偏小，后裤身偏大的形状。根据臀围尺寸可计算出中裆围度的大小为 1/4 臀围（0.25H），其中前、后裤片的中裆比例分配为（中裆围－2cm）和（中裆围＋2cm）；裤口围度尺寸一般情况下为 11 臀围/50（0.22H），其中前、后裤片的裤口比例分配为（裤口围－2cm）和（裤口围＋2cm）。

（3）腰、臀围的结构设计分析　侧缝将裤身分为前、后两部分，其中前裤身腰臀部弧线缓和，后裤身腰臀部弧线变化较大。按这种状态设置的前后腰、臀围比例分配应是后裤片量大于前裤片量；又由于人体运动中屈大于伸，并且前片的烫迹线形态垂直、自然，故要在后裤身增加适当的宽松量，结构造型才趋于平衡。因此对于较合体裤装：

前腰围比例分配为 W/4－1cm＋褶量；

后腰围为 W/4＋1cm＋褶量；

前臀围的比例分配为 H/4－1cm；

后臀围为 H/4＋1cm。

当臀围的宽松量发生变化时，其前后片的比例分配也要做相应的改变。如当臀围加放松量为 16cm 时，前臀围比例分配为 H/4－0.5cm，后臀围为 H/4＋0.5cm；当臀围加放松量为 20cm 时，前、后臀围比例分配均为 H/4cm。

三、裤装基型结构制图

裤装基型的基本形态是取人体自然直立姿态下，身体的下身经柱面化的几何形态。裤装基型轮廓线中存在斜度或弯曲度的变化，在掌握其变化规律性的基础上可以进行裤装款式的变化。

1. 主要测量部位

（1）腰围　在中腰最细处水平围量一周，腰部放松量一般取 0～2cm。

（2）臀围　在臀部最丰满处水平围量一周，臀部放松量因款式、造型的不同而不同，在满足基本活动量的同时，还应考虑面料的弹性及延伸性能。

（3）裤长　从腰围线垂直向下量至所需长度，详细尺寸应根据流行及具体款式而定。

（4）立裆深　人体站立时，测量人体下裆长（裆至踝骨），然后用裤长－下裆长。

2. 规格设计

选用号型：160/66A。

$$W = W^* + (0\sim2cm)松量$$
$$H = H^* + (6\sim8cm)基本放松量$$
$$裤长 TL = 98cm$$
$$立裆深 = TL/10 + H/10 + (8\sim10cm)$$

3. 裤装基本纸样的绘制说明

（1）前裤片结构制图 ［见图 2-22(a)］

① 前侧缝线：作一条水平线为前侧缝线。

② 上平线：垂直于①线作一条竖线为上平线。

③ 横裆线：从②线向下量取 1/10 裤长＋1/10 臀围＋(8～10cm)，画平行于②线的一条竖线。

④ 下平线：从②线向下量取裤长－腰宽长度，画平行于③线的一条竖线。

⑤ 臀围线：将②线～③线分成 3 等分，取②线向下 2/3 等分点作一条平行于②线的竖线。

⑥ 中裆线：由⑤线～④线的 1/2 点作一条平行于③线的竖线。

⑦ 前臀宽线：由①线与⑤线的交点向左侧量 H/4－1cm 的长度，画一条平行于①线的

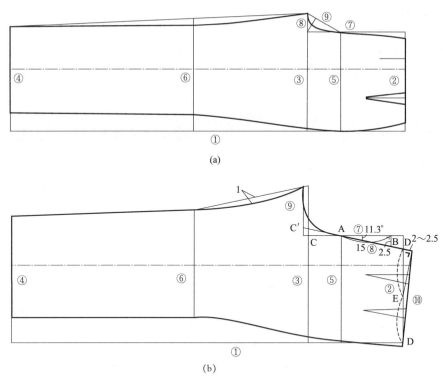

▲ 图 2-22 裤片基型

一条横线。

⑧ 前裆宽线：沿③线与⑦线的交点，向左侧量 H/20－1cm 的长度（约占臀围的 0.4/10），画一条平行于②线的竖线。

⑨ 前裆弧线：将前裆宽线⑧与前臀宽线⑦之间作连接线，过前横裆点作连接线的垂线，并二等分，过中点用弧线划顺，分别连接臀宽点和前裆宽点。

（2）后裤片结构制图 [见图 2-22(b)]

① 后侧缝线：同前裤片作一条水平线为后侧缝线。

② 后上平线、③后横裆线、④后下平线、⑤后臀围线、⑥后中裆线均由前裤片相同的各线作延长线得到。

⑦ 后臀宽线：从①线与⑤线的交点向左侧量 H/4＋1cm 的长度，画平行于①线的一条横线。

⑧ 后上裆斜线：由⑤线与⑦线的交点 A，沿后臀宽线⑦向上量取 15cm 定点，并作后臀宽线的垂线，在垂线上量取 1～4cm 长（正常体一般取 2.5cm，使后上裆斜线倾斜角度为 11.3°）设点 B，过 B 点与后臀宽点 A，用直线连接并向两侧做延长线，此线为后上裆斜线。

⑨ 后落裆线及后裆宽：从⑦线与③线的交点 C，向下 1～1.5cm 画平行于③线的一条竖线，并与⑧线延长线交于点 C′，由点 C′ 向左取 H/10。

⑩ 后腰弧线：将①线与②线的交点 D 和②线与⑧线的交点 D′点之间的一段上平线两等

分，过中点 E 向⑧线作垂线，完成起翘量（一般为 2～2.5cm），然后画顺后腰弧线。

四、裤装结构制图

1. 适体型裤装的结构制图

（1）女西裤（见图 2-23）

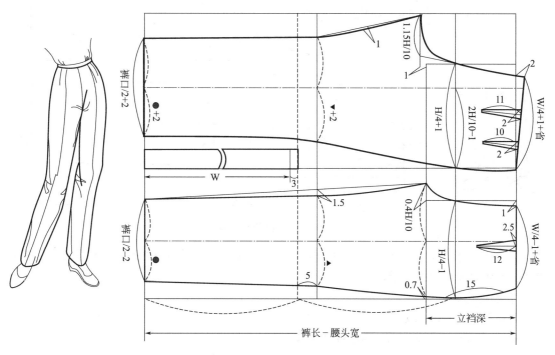

▲ **图 2-23　女西裤结构**

① 款式风格：贴体风格，直筒裤型，装腰头，前裤片有一个尖省，后裤片双尖省。侧缝上端直插裤袋各一个，为前开口设计。

② 规格设计

选用号型：160/66A。

裤长 TL＝0.6 号＋2cm，根据款式而定。

$$W = W^* + (0～2)cm 松量$$
$$H = H^* + (6～8)cm 松量$$
$$立裆 = TL/10 + H/10 + (6～8)cm$$
$$裤口 = 44cm$$

③ 结构制图

a. 前后臀围尺寸分别为 H/4－1cm、H/4＋1cm，前后腰围尺寸分别为 W/4－1cm＋省、W/4＋1cm＋省。

b. 总上裆宽为 1.55H/10，前片小裆宽为 0.4H/10，后片大裆宽为 1.15H/10。后中线出起翘量为 2cm。

c. 前后裤口分别为裤口/2－2cm、裤口/2＋2cm。

（2）男西裤（见图 2-24）

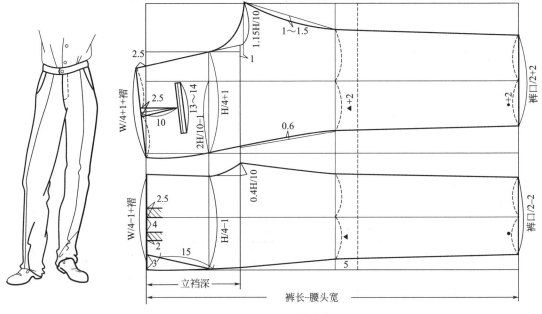

▲ 图 2-24　男西裤结构

① 款式风格：贴体风格，直筒裤型。门襟装拉链，前裤片双褶设计，斜插袋。后裤片单省，省尖处挖双嵌线口袋。

② 规格设计

选用号型：170/76A。

裤长 TL＝0.6 号＋4cm，根据款式而定。

$$W = W^* + (0\sim2)cm \text{ 松量}$$
$$H = H^* + (10\sim12)cm \text{ 松量}$$
$$立裆 = TL/10 + H/10 + (6\sim8)cm$$
$$裤口 = 44cm$$

③ 结构制图

a. 前后臀围尺寸分别为 H/4－1cm、H/4＋1cm，前后腰围尺寸分别为 W/4－1cm＋省、W/4＋1cm＋省。

b. 总上裆宽为 1.55H/10，前片小裆宽为 0.4H/10，后片大裆宽为 1.15H/10。后中线出起翘量为 2.5cm。

c. 前后裤口分别为裤口/2－2cm、裤口/2＋2cm。

2. 紧身型裤装的结构制图

（1）牛仔裤（见图 2-25）

① 款式风格：臀部合体，前裤片无省，月牙形插袋，后裤片省量转移在斜向分割线内，小喇叭型裤口设计。

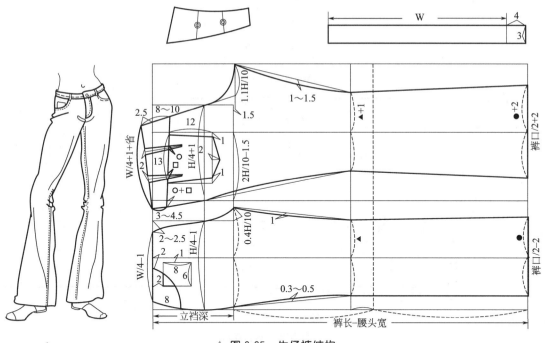

▲ 图2-25　牛仔裤结构

② 规格设计

选用号型：160/66A。

裤长 TL＝0.6 号＋2cm，根据款式而定。

$$W＝W^* ＋(0～2cm)松量$$
$$H＝H^* ＋(4～6cm)松量$$
$$立裆＝TL/10＋H/10＋6cm$$
$$裤口＝48cm$$

③ 结构制图

a. 前后臀围尺寸分别为 H/4－1cm、H/4＋1cm，前后腰围尺寸分别为 W/4－1cm＋省、W/4＋1cm＋省。

b. 总上裆宽为 1.5H/10，前片小裆宽为 0.4H/10，后片大裆宽为 1.1H/10。后中线出起翘量为 2.5cm。

c. 前后裤口分别为 裤口/2－2cm、裤口/2＋2cm。

(2) 贴体时尚短裤（见图2-26）

① 款式风格：臀部合体，放松量为4cm。前裤片单褶设计，无腰型，腰口缉线宽4cm。左右斜插袋，后片单省并开袋加袋盖，裤长较短，裤口翻边宽8cm，彰显青春活力，适合年轻女性穿着。

② 规格设计

选用号型：160/66A。

裤长＝0.3 号－(6～8)cm，根据款式而定。

$$W＝W^* ＋(0～2cm)松量$$

$$H = H^* + 4cm\ 松量$$

$$立裆 = H^*/4 + (3\sim5)cm$$

$$裤口 = 56cm$$

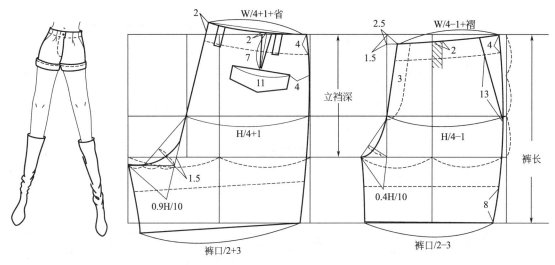

▲ 图 2-26　短裤结构

③ 结构制图

a. 前后臀围尺寸分别为 H/4 − 1cm、H/4 + 1cm，前后腰围尺寸分别为 W/4 − 1cm + 褶、W/4 + 1cm + 省。

b. 总上裆宽为 1.3H/10，前片小裆宽为 0.4H/10，后片大裆宽为 0.9H/10。落裆量为 1.5cm，后中线出起翘量为 2cm。

c. 前后裤口分别为裤口/2 − 3cm、裤口/2 + 3cm。

（3）低腰裤（见图 2-27）

① 款式风格：臀部合体，前后裤片无省无褶。低腰直筒裤型，按原腰节线确定腰围规格后降低 6cm，平装腰，前裆腰口线低落 1.5cm。前片斜开袋加袋盖，袋边缉双线，点缀协调。

② 规格设计

选用号型：160/66A。

裤长 TL = 0.6 号 + (0∼2)cm，根据款式而定。

$$W = W^* + (0\sim2)cm\ 松量$$

$$H = H^* + 6cm\ 松量$$

$$立裆 = TL/10 + H/10 + (8\sim10)cm$$

$$裤口 = 44cm$$

③ 结构制图

a. 前后臀围尺寸分别为 H/4 − 1cm、H/4 + 1cm，前后腰围尺寸分别为 W/4 − 1cm + 省、W/4 + 1cm + 省。

b. 总上裆宽为 1.7H/10，前片小裆宽为 0.6H/10，后片大裆宽为 1.1H/10。后中线出起翘量为 2.5cm。

c. 前后裤口分别为裤口/2 − 2cm，裤口/2 + 1cm。

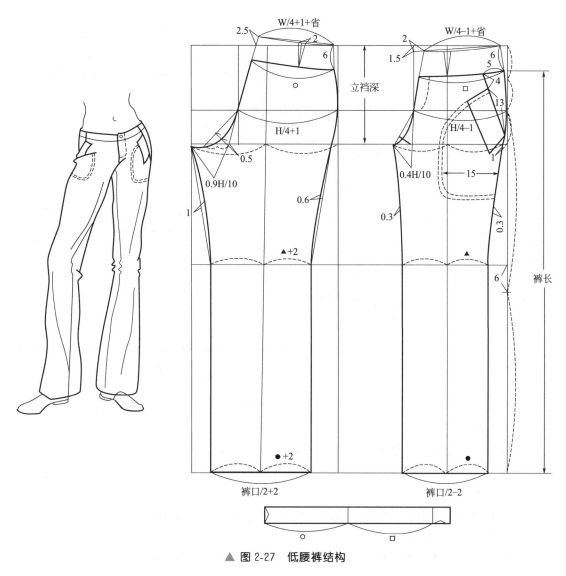

图中标注：
2.5　W/4+1+省　2　6　立裆深　○　H/4+1　0.5　0.9H/10　0.6　1　▲+2　●+2　裤口/2+2

2　1.5　W/4-1+省　6　5　4　13　H/4-1　0.4H/10　15　1　0.3　0.3　6　▲　裤长　●　裤口/2-2

○　□

▲ 图 2-27　**低腰裤结构**

3. 宽松型裤装的结构制图

（1）裙裤（见图 2-28）

① 款式风格：臀部宽松，脚口仍保持裙装的风格，是裙装结构向裤装结构演变的最初结构模式，即只增加裆部的设计。

② 规格设计

选用号型：160/66A。

裤长 TL＝0.4 号或 0.5 号＋a，a 为常量，根据款式而定。

$$W＝W^* ＋（0～2cm）松量$$

$$H＝H^* ＋（6～12cm）松量$$

$$立裆＝TL/10＋H/10＋（8～10）cm$$

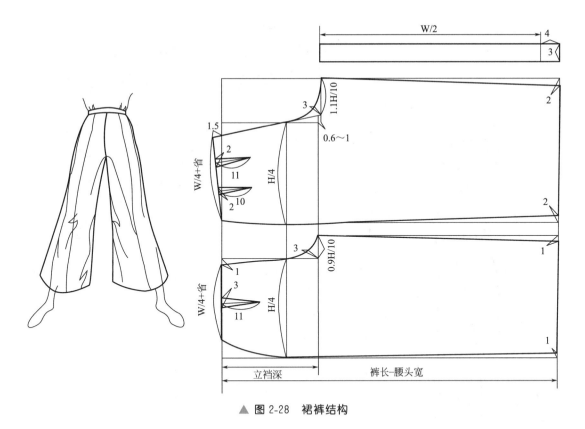

③ 结构制图

a. 因其造型似裙子，前后臀围尺寸为 H/4，前后腰围尺寸为 W/4＋省。

b. 总上裆宽为 2.1H/10，前片小裆宽为 0.9H/10，后片大裆宽为 1.1H/10。后中线出起翘量为 1.5cm。

c. 裤口宽度分别在前后横裆的基础上进行调整，适当缩减或增加少量拉展量。

（2）中长裤（见图 2-29）

① 款式风格：休闲装饰中裤，臀围放松量 8cm，无腰型，腰口断开线宽 6cm，裤口翻边设计。

② 规格设计

选用号型：160/66A。

裤长 TL＝0.5 号－（6～8）cm，根据款式而定。

$$W = W^* + (0～2cm) 松量$$
$$H = H^* + 8cm$$
$$立裆 = H^*/4 + (3～5)cm$$
$$裤口 = 52cm$$

③ 结构制图

a. 前后臀围尺寸分别为 H/4－1cm、H/4＋1cm，前后腰围尺寸分别为 W/4－1cm、W/4＋1cm。

b. 总上裆宽为 1.3H/10，前片小裆宽为 0.4H/10，后片大裆宽为 0.9H/10。后中线出起

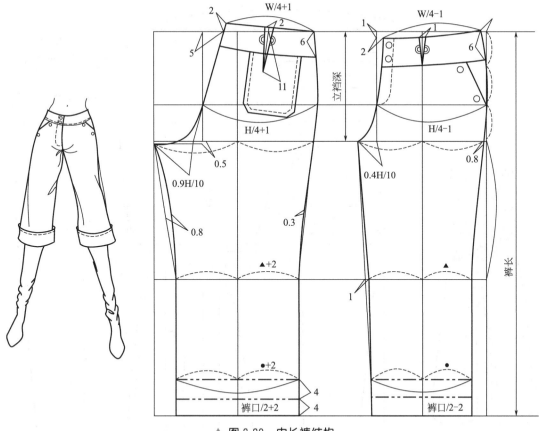

▲ 图 2-29　中长裤结构

翘量为 2cm。

　　c. 前后裤口分别为裤口/2−1cm，裤口/2＋1cm。

　　(3) 背带裤（见图 2-30）

　　① 款式风格：休闲款背带裤，臀围放松量 28cm，前装挡胸，腰围线处抽绳，起到束腰效果。

　　② 规格设计

　　选用号型：160/66A。

　　裤长＝0.6 号＋2cm，根据款式而定。

$$W = W^* + (26 \sim 30\text{cm})\text{松量}$$
$$H = H^* + (24 \sim 28\text{cm})\text{松量}$$
$$立裆 = H^*/4 + (3 \sim 5)\text{cm}$$
$$裤口 = 40\text{cm}$$

　　③ 结构制图

　　a. 前后臀围尺寸分别为 H/4−1cm、H/4＋1cm，前后腰围尺寸分别为 W/4−1cm、W/4＋1cm。

　　b. 总上裆宽为 1.55H/10，前片小裆宽为 0.45H/10，后片大裆宽为 1.1H/10。后中线出起翘量为 2cm。

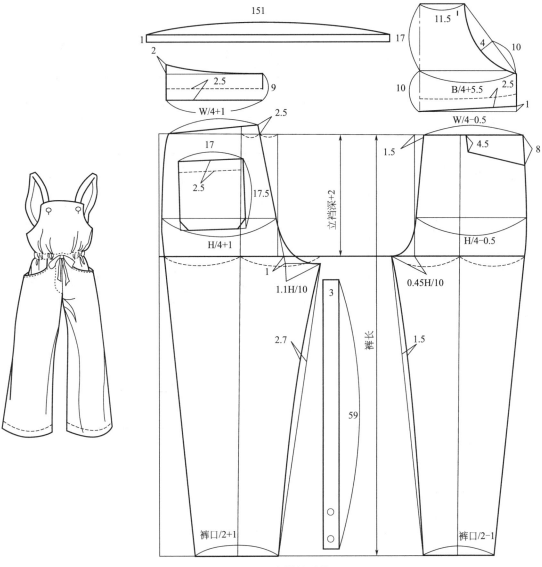

▲ 图2-30 背带裤结构

c. 前后裤口分别为裤口/2－1cm、裤口/2＋1cm。

思考与练习

1. 裙装、裤装结构的分类方法分别有哪几种？
2. 裙装原型的省道位置、大小及分配如何确定？
3. 直身裙、A字裙、波浪裙在结构上有何区别与联系？
4. 裤装结构中后裆斜线与人体臀部丰满程度有什么关系？
5. 裤装上裆部位运动松量的设计原则是什么？

第三章　上装结构制图

学习目标

1. 了解上装结构与人体体型特征的关系；
2. 掌握衣身、衣领、衣袖结构变化的原理和方法，进行上装整体结构制图。

　　服装款式的流行趋势朝着多样化、个性化的方向发展，上装的款式多、变幻不定，但无论怎样变化，其基本结构大致相似，主要由前衣片、后衣片、衣领、衣袖等主要部件组成。所谓款式的变化，无非是主要衣片和各种附件造型的创新和更换，尤其由于女性体型的曲线丰富，女装结构更复杂。因而了解上装衣片的结构变化规律，了解上装平面结构构成原理，是服装结构设计者必须掌握的基础知识，为方便讨论起见，现将上装结构分解为衣身结构、衣领结构和衣袖结构三部分。

第一节 衣身结构

一、衣身与人体体型特征的关系

1. 衣身的胸围

用平面的坯布包裹人体的上半身成简单的筒状，坯布将接触人体体表所有凸出的部位（肩部除外），形成包裹上半身的圆柱体（见图3-1）。为使服装结构设计的腰围线成水平状态，将该圆柱体竖直放置，使其底边成水平状。展开该圆柱体就形成了纵向代表高度、纬向代表围度的长方形（见图3-2）。该长方形的长度就是圆柱体的周长，也就是坯布包裹人体上半身的最小外围度，它与胸围不同，已经包含了人体胸围线以上突出的前腋点、后腋点、肩胛骨等突出部位的尺寸，是净胸围＋x，且x值随人体体表形状的不同而改变。如果肩胛骨突出的人，x值就会增加；如果肩膀较宽，前后腋点的突出程度就会增加，x值也会增加。x值一般介于3～7cm，平均为5.7cm。

与BP点重合

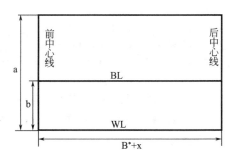

▲ 图3-1　坯布包裹上半身成圆柱体　　　　▲ 图3-2　坯布上半身包围展开面

上半身的最小外围度和x值是无法通过一般的皮尺测量方法而测得的，只有通过其他的三维计测手段或人体水平断面重合图才能实现。除去外肩点，从上半身各突出点的水平断面重合图（见图3-3）中可以看出，该图中各突出点连接圆顺后所形成的上半身外包围线与图3-1中所示的柱体围长原理一样。

服装的放松量x值除了人体静态的因素以外，还要考虑基本生理因素，人体的基本呼吸会引起胸围的变化。服装的胸围围度变化要满足人体基本的静态、动态功能的需要，合体服装胸围放松量包括人体生理需要的基本加放量和人体运动需要的基本加放量，一般净胸围为84cm的人体是8～10cm。

2. 衣身的浮起余量

筒状的面料是无法形成服装的，必须缝合前后肩缝，并使衣身与人体胸部、背部贴合，与体表相适应。

由于胸围线上乳凸和肩胛骨的作用，当衣身覆盖在人体或人台上时，为保持衣身纵向前、后中心线及纬向胸围、腰围线与人体或人台标志线保持一致，将坯布推向身体的方向，使其贴合前后体表，在筒状曲面转化为局部平面化曲面的过程中，部分坯布处于折转状态，由此产生多余的浮起面料（见图3-4）。前衣身在胸围线以上出现的多余量，称为胸凸量或前浮余量；后衣身在背宽线以上也会出现多余量，称为背凸量或后浮余量。由于男女体型胸坡角和背部肩胛骨外形的不同，男女前后浮余量的大小也有很大的差异。

浮余量堆绉在一起，将其捏合缝纫成暗褶，称为省道。位于前胸的称为胸省，胸省可以在以胸高点（BP）为中心的360°范围内的任一位置；位于后背的称为背省，背省可以是肩省，也可以放在袖窿或其他地方。由于省道的作用，圆柱体这个简单的单曲面就演变成了复杂曲面，形成了多曲面表面状态。

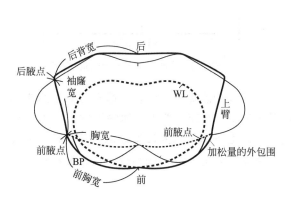

▲ 图3-3 人体上半身水平断面重合

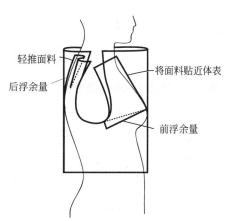

▲ 图3-4 前、后坯布产生的浮余量

3. 肩缝线

肩部与衣领紧邻，是服装外部造型的重要部位。前后衣身的肩缝线一般设计在肩部最高的地方，应符合人体体型的自然状态，顺沿肩斜平顺而不牵强。影响肩缝线倾斜度的人体因素包括人体的肩斜度、肩部的前倾度及肩部厚度与同一高度的胸廓形态等，而与人体胸围的尺寸无关。不同体态人体的肩斜度不同，如溜肩体型的肩斜度相对于平肩体型的要大。通过人体测量法和数理统计法的运用，女体着紧身衣时的平均前肩斜度为28.7°，后肩斜度为19.2°。以实验结果为基础，发现人体前肩斜度大于后肩斜度，女性体的肩斜度大于男性体的肩斜度。在进行服装结构设计时，考虑到可以适用者的范围，同时为使着装者在运动过程中肩部向上移动和手臂抬举的方便，一般采用比测得的平均值略低的肩斜度（见图3-5）。另外，在多数情况下，肩线的设定会略偏前些，从而造成前后肩斜度的变化，若要加垫肩时，前后衣身的肩斜度都要适当降低，使衣身保持平衡。

4. 前胸宽、后背宽、袖窿宽

前胸宽是指从侧面观察，臂根围最靠前方位置（前腋点附近）的胸宽宽度；后背宽是指从侧面观察，臂根围最靠近后方位置（后腋点附近）的胸宽宽度。在进行结构设计时，上半身外包围被分为前胸宽、后背宽和袖窿宽三部分（见图3-6）。前胸宽、后背宽可直接在人体上测得，而由于袖窿宽相当于肩周围的厚度，不是直线距离，很难在人体上直接测到，通常是用上半身外包围的胸围减去前胸宽和后背宽而得到。上半身水平面重合图显示了前胸宽和后背宽的对应位置，从图中可以看出后背宽最宽，前胸宽其次，袖窿宽略小。

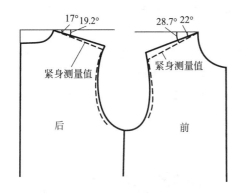

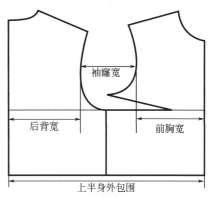

▲图3-5　肩斜度的紧身测量值和实际应用值　　　▲图3-6　衣身上半身外包围的构成

通过对人体的测试实验得知，在后背宽、前胸宽和袖窿宽三项中，袖窿宽与人体胸围的相关系数最大，$r=0.6\sim0.7$，背宽为0.6，胸宽为0.5～0.55，即当人体的胸围尺寸发生变化时，受影响最大的是袖窿宽。因此在结构设计时，由于扁平体的体型较薄，前胸宽、后背宽尺寸比例相应增加，袖窿宽尺寸比例减小；圆胖体的体型宽厚，胸围较大，袖窿宽尺寸比例增加，前胸宽、后背宽尺寸比例相应较小。

5. 袖窿深

人体的臂根高度加上服装与腋窝之间的空隙就构成了袖窿的深度。袖窿最低点的位置向上不可能超过腋窝的位置，同时由于后腋窝点在静止状态下处于臂根的最低点，当随着手臂的运动向上移动时，人体的体侧长度也随之加长，因此为了便于手臂的运动，合体服装的袖窿最低点不能设得太低，通常腋窝与袖窿的间距设为2cm。较宽松的服装造型，随着服装胸围的增加，肩宽增大，后背宽和前胸宽同步放宽，前后衣片的肩斜度减小，袖窿深可增加。

6. 基础纸样

任何事物的存在都遵循一定的规律，服装也不例外，服装款式无论怎样变化，其基本型不变，这就是服装结构设计的实质所在。人体不同部位的曲面有着不同的形态，采用各种研究方法，可以将人体表面展开，并对其进行合理简化，形成人体曲面的基本结构，符合这种基本结构的形式称为原型或基型，统称为基础纸样，简称基样。尽管现在各服装设计师获得基础纸样的方法不尽相同，但其原理及规律是相同的，已被大量的实践证明是科学而实用的。

　　纸样是服装样板的统称。基础纸样是服装纸样设计的基础图形，是设计者把握和设计新款的基本方法和手段，是以标准人体或特定人体的基本尺寸，如身高、胸围、腰围等加上适当的放松量，通过最简单的分配方法，绘制出满足人体基本生理和活动机能的平面结构图。基础纸样是结构制图的过渡形式，是一种合体设计的极限，在考虑服装的设计因素、人体因素、素材因素及缝制因素的基础上，通过对基础纸样的折叠、剪切、拉展及对其放松量的加减等，采用一系列的结构形式，形成所需的服装纸样。绘制纸样的要素如下：

　　基础纸样按年龄和性别分类，可分为男装基样、女装基样、童装基样；按人体躯干部分分类，又可分为衣身基样、衣袖基样、裤基样、裙基样。

7. 衣身结构线、轮廓线及结构点

　　图中所示是衣身上结构线、轮廓线及结构点的位置（见图 3-7 和图 3-8）。

▲图 3-7　衣身辅助线

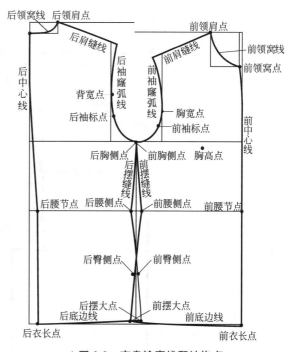

▲图 3-8　衣身轮廓线和结构点

二、上装原型的绘制

　　上装原型很少运用测量尺寸和定寸，多采用比例推算的方法，是以我国人体的体型为基础，最大限度地降低测量误差和定寸的非适应性，有效地弥补常人的人体缺陷，提高了结构

设计的理想化程度。

1. 女上装原型

本书采用的是一种保持衣身腰围线成水平状的女上装原型，原型的制作只需净胸围和背长尺寸，胸围的放松量为12cm，前浮余量用侧缝省道的形式消除，后浮余量以袖窿省道的形式消除（见图3-9），具体制作步骤如下：

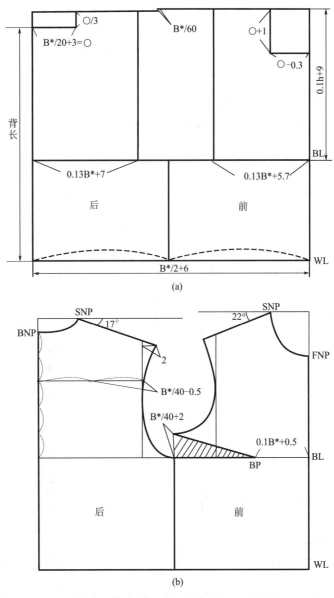

▲ 图3-9 女上装结构

(1) 作长为 $B^*/2+6$ cm(松量) 的水平腰围线，作出前后中心线。

(2) 由腰围线为基准，自后中心线向上量取背长作背长线，确定BNP。

(3) 以 BNP 为起点，量取后领窝宽 $B^*/20+3$ cm $=○$，取 1/3 后领窝宽作为后领窝深。

确定后颈点和颈侧点，用光滑的曲线将两点连接，完成后领窝造型。

（4）由后衣身上平线向上量取 $B^*/60$ 为前衣身上平线，作出前中心线。自前上平线向下量取 $0.1h+9cm$ 作为后袖窿深线（BL）。在 BL 线上，距前中心线 $0.1B^*+0.5cm$ 取作 BP 点。

（5）将水平腰围线两等分作为前后胸围大，作出侧缝线。以后中心线为基准，在胸围线上量取 $0.13B^*+7cm$ 为后背宽线；以前中心线为基准，量取 $0.13B^*+5.7cm$ 为前胸宽线。

（6）作后肩斜度 17°，长度超过背宽线 2cm 为肩端点，画肩斜线。

（7）在后中心线上将后 BNP 和 BL 间分成五等份，取上 2/5 处作水平线，在袖窿处向下取 $B^*/40-0.5cm$ 为后浮余量，画向该水平线的 1/2 处，画顺后袖窿弧线。

（8）以前中心线为基准，取 ◎−0.3cm 为前领窝宽，◎+1cm 为前领窝深，画顺前领窝弧线。

（9）作前肩斜度 22°，长度与后肩线等宽处取肩端点，画顺前肩线。

（10）延长侧缝线 $B^*/40+2cm$，确定前袖窿深线，画向 BP 点，作为前浮余量，画顺前袖窿弧线。

2. 男上装原型

男上装原型的腰围线成水平状，胸围的放松量为 16cm，平面结构图的后衣身浮余量全部挣至袖窿处，用袖窿省道的形式消除，前衣身浮余量以侧缝省道的形式消除（见图3-10），具体制作步骤如下：

（1）作水平腰围线，长为 $B^*/2+8cm$（松量），作出前后中心线。

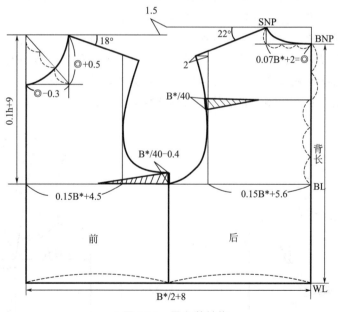

▲图 3-10　男上装结构

（2）由后中心线上取背长作背长线，由后颈点水平线上量取后领宽 $0.07B^*+2cm=◎$，取 1/3 后领宽为后领深，用光滑的弧线画顺后领窝线。

（3）由后衣片上平线向下量取 1.5cm 为前衣身上平线，自前衣身上平线向下量取

0.1h+9cm 作为胸围线（BL）。

（4）将水平腰围线两等分作为前后胸围大，作出侧缝线。以后中心线为基准在胸围线上量取 $0.15B^* + 5.6cm$ 为后背宽；以前中心线为基准，量取 $0.15B^* + 4.5cm$ 为前胸宽。

（5）作后肩斜 22°，长度超过背宽线 2cm，画肩斜线。

（6）在后中心线上，后颈点 BNP 和胸围线 BL 间分成五等份，在上 2/5 处所作水平线上，在袖窿处向下取 $B^*/40 - 0.4cm$ 为后浮余量，指向水平线的中间，画顺后袖窿弧线。

（7）以前中心线为基准线，以 ◎ － 0.3cm 为前领窝宽，◎ ＋ 0.5cm 为前领窝深，画顺前领窝弧线。

（8）作前肩斜 18°，长度与后肩线等宽处取肩端点，画顺前肩线。

（9）延长侧缝线，确定前袖窿深线。取 $B^*/40$ 为前浮余量，画向前胸宽 1/2 处，画顺前袖窿弧线。

三、衣身平衡

1. 省道的构成及其应用

（1）省道的作用　基础纸样是在用平面的面料包裹立体人体的过程中形成的最接近人体形态的服装所对应的纸样，包含有省道。服装的省道是为了适合人体体表的曲面而将衣片捏合或省去的部分，是在服装结构图中常用的一种处理方法，是表现人体曲面的重要因素。要消除平面衣料覆合人体后所引起的各种褶皱、斜裂、重叠等现象，从各个方向改变衣片块面的大小和形状，收省是进行立体处理的重要手段之一。

省道的省尖部位能形成圆锥面或球面形态，以符合人体的曲面形态，如上装对准 BP 点的胸省和腰省所形成的曲面就是圆锥面；省道也能调节省尖和省口所处的两个部位的围度差异，如上装的前后腰省就起到调节胸腰差的作用；另外，通过省道的运用，有利于使不可分解的结构造型实现连通，如胸领省能使立领和领窝前端相连（见图 3-11）。

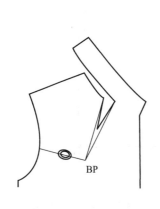

▲图 3-11　立领和领窝前端相连

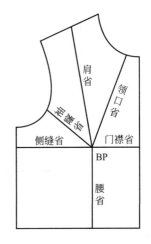

▲图 3-12　位置不同的省道

若没有单独的省道构成，同时在缝合线、褶皱等部位没有省道构成的服装，其造型是平面的。

（2）省道的种类　按省道所处的位置分类，可分为肩省、袖窿省、侧缝省等（见图3-12）。

按省道的外观形态分类，可分为钉字省、开花省、弧形省等（见图3-13）。

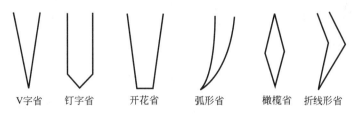

V字省　　钉字省　　开花省　　弧形省　　橄榄省　折线形省

▲图3-13　省道的形态

（3）省道的结构处理

① 省尖点的设计。无论什么位置或形态的省道，其省尖都指向人体曲面的中心区域，省尖点的设计，一般与人体表面的凸显部位相吻合，如乳凸、背肩凸等。但由于人体曲面的凹凸变化是平缓而不是突变的，故实际缝制的省尖点只能对准某一曲率变化最大的部位，而不能缝至凸点，省尖点距凸点应有一定的距离，如设计胸省时，各省尖点距BP点的距离为2～5cm。

② 省口的设计。从理论上讲，省口位置可以在人体曲面边界360°范围内任意选择，但实际上人们在设计省口位置时，总希望省口与省尖的连线是一道优美的弧线，能产生较好的视觉效果，或使省口与省尖的连线落在尽可能隐蔽的地方，如胁下、领口等。省口在肩部的称为肩省，省道自上而下均匀变小，是一种兼备功能性和装饰性的省道；省口在领口部位的称为领省，通常会设计成锥形，主要是作出胸部和背部的隆起状态，有时为作出符合颈部造型的立领设计，也会利用领省；前衣身的袖窿省为胸部形态服务，后衣身的袖窿省为肩部造型服务；省口在腰节部位的称为腰省，腰省一方面有利于胸部造型的形成，另一方面又能处理胸腰的差值。

③ 省道的外形。省道是作用于人体凸点的暗褶，服装结构设计中常考虑的人体凸点有胸凸、背肩凸、腹凸、肘凸等。胸凸位置明显，背肩凸突起面积大，无明显高点，腹凸和臀凸呈带状均匀分布，位置模糊。

省的外形设计与人体曲面的不规则形状有着密切的关系。从几何学角度看，两条凸起弧线缝合后形成半球面，两条凹陷的弧线缝合后形成凹面，两条直线缝合后形成平面。人体的曲面由凸面、凹面、双曲面所组成，而对于不同的人体曲面，相对应的省道可设计成带有弧形、宽窄变化，使服装呈现出不同的凹凸曲面，形成不同的立体效果。省形的选择与所处的位置、服装的合体程度、造型要求和衣料特点等有很大的关系。

为了保证收省后省口边界线的平齐，在不影响其他部位规格尺寸的情况下，应对省口边界线作一些修正，使省缝与边界线的夹角互补（见图3-14）。

（4）省道转移原理　平衡是事物产生美感的基本条件，服装的结构平衡能使服装外观平整服帖，各个部位与人体之间，在围度、长度和宽度及曲面形态上都能很好地贴合，显得自然、轻松。为保持上装结构的稳定性，需对上装的前、后浮余量进行分析。根据款式设计服装纸样时，基础纸样的省道会改变原有的位置，即省道转移，当然也可以通过其他的手段，

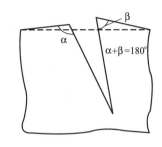

▲图 3-14　修正省口边界线

如褶、裥和缝等，来塑造新的立体造型。利用省道进行结构设计，既可保持针对人体的适合形态，同时又使纸样绘制更有效率。

女体的胸部可假设为一非标准的圆锥体（见图 3-15）。以它的形态考虑，从圆锥体的构成来看，在不改变圆锥体顶点的情况下，通过不同的接合位置进行变化，根据几何学得到的展开图可以是图 3-16 中所示（a）、（b）、（c）三种情况，无论是省道位置变化，还是将省道的总量均匀或不均匀分散，在此过程中只是改变了设计线，所形成的圆锥体的立体外形并未改变。

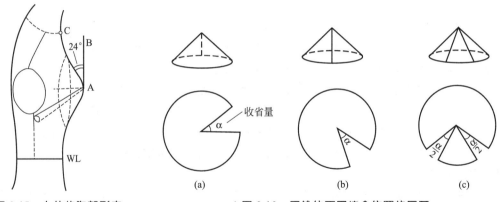

▲图 3-15　女体的胸部形态　　　　▲图 3-16　圆锥体不同接合位置的展开

服装造型与结构纸样之间的构成关系，和圆锥体等立体图形及其展开图之间的构成关系是一样的。但是与这些立体图形相比，衣身外形要复杂得多，不仅具有多面体的构成要素，而且整体形态呈现出复杂的曲面造型，所以对服装而言，省道的位置是可以变化的，如胸省，由于胸凸集中于 BP 点，那么以 BP 点为中心，360°范围内均可设计省位。对不同位置的省道，如腰省、袖窿省、肩省、领口省等，只是位置的不同，省量可以相互转移，但无论转移到哪个位置，得到的立体效果是相同的，服装原有的舒适性不变。

省道量的设计以人体围度差为依据。人体体表的凹凸程度越大，差数就越大，则面料覆盖人体时为求与人体体表贴合，产生的省道量就越大。设计省道时的形式可以是单个的，也可以多部位分散。在省道总量一定的情况下，单个集中的省道缝去量大，省尖往往易形成省窝，在外观上有生硬感，影响服装的美观性；多部位分散的省道，分散了省道量，单个省道的缝去量小，使省尖处的造型匀称而平缓，克服了因省尖过大而使面料难以平服的弊病。一般每个省道量控制在 1.5～3cm，而领口省、袖窿省往往较短，设计时不宜太大，省量小些可以使缝合后显得自然贴切，更符合体型需要。

（5）省道转移原则　在保证服装立体效果的情况下，省道的位置可以改变，省道的量可以转移，省道的造型可以更美观，单个的省道可以分解成多个省道，横向的省道可以转移为纵向的省道，处于不同位置、不同大小的省道其本质都是相同的。

省道的设计无论从功能性还是从装饰性的角度看，既有形态上的区别，也有位置上的区别，还有数量上的区别，形式是千变万化的。但无论是省道的移位还是分解，其作用点都不离开身体凸点。

省道的转移可以通过纸样变化完成，但无论转移到哪个位置，都必须遵循一定的原则：省道在转移过程中，其夹角总量保持不变。根据省道的构成形式与圆锥体及其展开图里出现的省道形式相同的原理，为保证圆锥体相同的立体造型，则展开图中扇形的角度和要相等，因而人体某一凸点对应的省量的大小，可用角度即省角量表示。新、旧省道的位置不同，省缝的长度也不相同，所对应的省道开口的大小也会发生变化，但只要新、旧省道对应的省角量相等，两省道即相等。

（6）省道转移的方法　省道转移就是将衣片上的一个省道从一个部位移到其他部位，而不影响服装的尺寸和合体性。在缝制时，尽管前衣身所有的省道极少缝至 BP 点，但在省道转移时，则要求所有的省道都必须或尽可能到达 BP 点。现以女上装原型为例，介绍省道转移的方法。

① 剪切法。先画好原型，确定 BP 点位置和省道量的大小。确定新省道的省口位置 B，若新省道指向 BP，连 B 点和 BP，沿连线剪开，然后折叠原省道，将原省道的两条边叠合在一起，这样剪开的部位就张开了，B 点移到了 B′点。连 B′点和 BP，就形成了运用剪切法而得到的新省（见图 3-17）。

② 纸样旋转法。这是一种通过移动纸样使原省还原，同时建立新省的方法。在画好的纸样上确定 BP 位置和省道量的大小，确定新省道的省口位置 B，连 B 点和 BP，然后按住 BP，并以该点为圆心，逆时针转动纸样，使原省缝重合，这时 B 点转到了 B′点，B～B′为新省的省口。将新省作适当的调整，画准长度、形状（见图 3-18）。

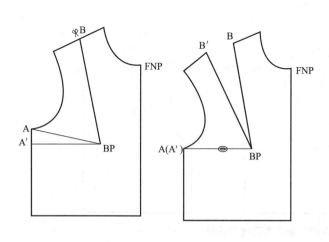

▲图 3-17　剪切法

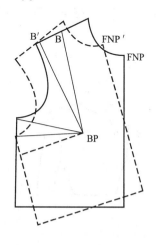

▲图 3-18　纸样旋转法

纸样旋转法的原理和纸样剪切法基本相同，但在方法上有所区别，剪切法需将纸样剪开，纸样使用一次后便无法再用，通常运用于较软的纸样；而旋转法无须将纸样剪开，能保证纸样的完整并可多次使用，多用于较硬的纸样。

当新省的省尖不指向身体凸点时，应通过 BP 点作一辅助线与之相连，有利于省道的转移。

通过剪切法和旋转法，可以将省量由一个省道转移到另一个省道，也可以作多个省道的分散转移，但无论衣身的省道设计多么复杂、造型多么奇特，省道的转移要保证衣身的整体平衡，前、后衣片原型的腰节线要保持在同一水平线上，否则会影响衣片的整体平衡和尺寸的稳定性。

(7) 省道的设计与应用　省道变化主要用于女装，现以女上装省道的运用示例。

① 如效果图所示，为单个的袖窿省设计，袖窿省集中了衣身的省量。运用省道转移方法，将纸样的侧缝浮余量全部转移到袖窿（见图 3-19）。

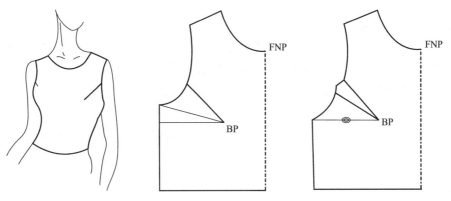

▲图 3-19　单个袖窿省的设计

② 如效果图所示，为单个的领口省设计。先确定领口省的省口位置和省尖方向，很显然领口省的省尖不指向 BP 点，因此，需作 BP 点与新省省尖的连线。再剪开省缝线并连线，折叠侧缝前浮余量，剪开部位自然就张开了，张开的量就是新省的省量。修正新省道的省量和省缝的长度，忽略不必要的省量（见图 3-20）。

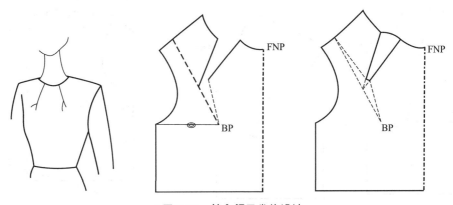

▲图 3-20　单个领口省的设计

前面所讲的是单个省的全量的转移，称为全省转移。实际上在进行服装款式造型和结构设计时，为避免单个的省量过大或造型的需要，通常会将衣片的前浮余量分解成两个或多个不同部位的省道，进行全省的分散转移，形成柔和的外表，省道的分散转移极大地改善了由于省量过大而造成的服装外表生硬和影响布纹状况的情况。

③ 如效果图所示，前衣身上有肩省和腰省。进行结构制图时，先在纸样上适当的位置定好新省省位，运用省道转移方法，将侧缝省量分成两份，分别分配到肩省和腰省（见图3-21）。

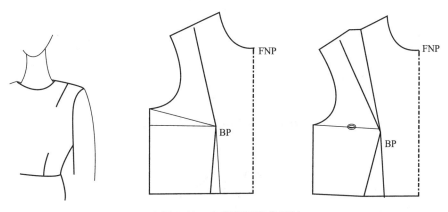

▲图 3-21　肩省和腰省的设计

④ 如效果图所示，领口有三个直线形开花省。进行结构制图时，先在原型上作好新省的位置，由于新省省尖均不指向 BP 点，作三个省尖与 BP 点的连线，剪开省道线并连线，运用省道转移方法，叠合前衣身侧缝省量和腰省，将省道总量分配到三个新省中。调节各省省量的大小，保证三个开花省省端口造型一致，修正省道形状，忽略不必要的省量（见图3-22）。

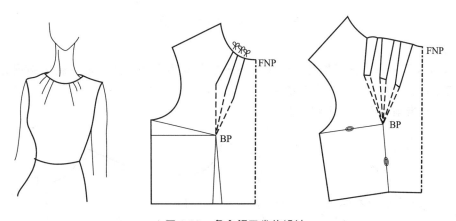

▲图 3-22　多个领口省的设计

⑤ 如效果图所示，前衣片上有两个造型设计和领口弧线形状相似的弧形肩省。进行结构制图时，在纸样上定好新省位置，很显然新省省尖不指向 BP 点。作省尖与 BP 点的连线，运用省道转移方法，将侧缝省量移至弧形肩省和腰省（注意领口形状不变），修正省道形状，完成造型（见图3-23）。

⑥ 如效果图所示，前门襟有三个长短相等的平行的开花省。进行结构制图时，先运用省道转移原理，将侧缝省量转到肩省，再将省量转入前门襟三个新省中，画准前中心线（见

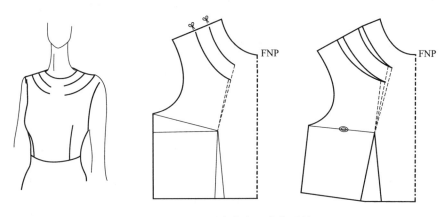

▲图 3-23　弧形肩省和腰省的设计

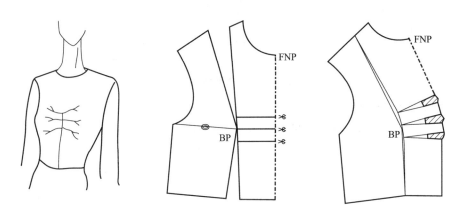

▲图 3-24　前门襟平行省的设计

图 3-24)。

　　⑦ 如效果图所示，前门襟有三个长短不一的斜向平行的省道。进行结构制图时，先在前门襟定好新省的位置，把三个省缝剪切拉展，运用省道转移方法，将前浮余量转入三个新门襟省中，画准前中心线（见图 3-25）。

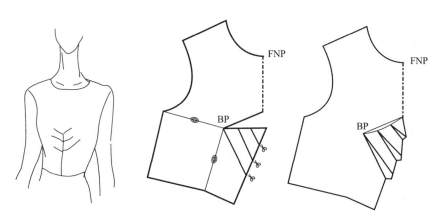

▲图 3-25　前门襟斜向省的设计

（8）后衣身肩省的设计 在人体背部，从肩胛骨上部的凸出点出发向上延伸至肩部，向外侧面延伸至臂根部形成了体表曲线，呈现出大幅度的体表曲率变化，形成肩胛凸。肩胛凸相对于胸凸而言在外形上比较模糊，但与臀凸相比还是比较明确的，因此后衣片肩省的结构线和指向的作用范围还是比较明确的。根据服装款式不同，在设计时以肩胛骨为中心，在肩胛点上方180°之内均可设为省位（见图3-26）。

▲图 3-26 肩省的设计

后肩省在进行移位时，由于体表形状的关系，它和前胸省的移位不同，前片的胸省移位是以 BP 为中心进行的，而后片的省道作用点不是一个点而是一个面，即背部的肩胛骨，应以肩胛骨为中心进行后肩省的转移。

2. 褶裥

（1）褶裥的作用和构成 为使服装款式富于变化，增添艺术情趣，不仅可以将一个省道转移、分解成多个省道，而且在女装设计中，经常采用褶裥、抽褶等手法和省道组合起来表现。褶裥是省道的变化形式之一，既有省的功能性设计，又有立体装饰性效果，增加了服装外观的层次感和体积感，丰富了服装的肌理表现。褶裥量除了由省道量转移而来以外，还能通过将衣片展开的手法增加余量。增加褶裥量的平面构成方法有平移展开法、旋转展开法和叠加展开法三种（见图3-27）。

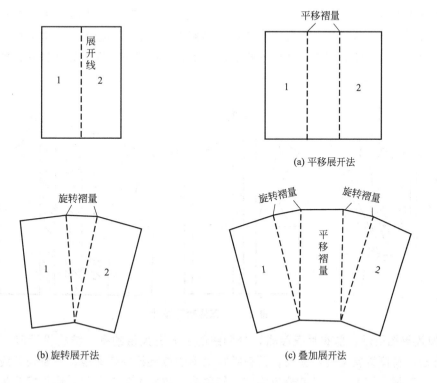

▲图 3-27 增加褶裥的平面构成方法

在进行服装的褶裥设计时，首先要考虑其功能性，可运用省道的转移方法，将省量转移到褶裥中，如果所得的省量尚不能满足其装饰性效果，可适当增加褶裥量，进行造型设计。

和相同省道总量的衣身相比，衣身加了褶裥后给人体以较大的宽松量，同时还能作更多的装饰性造型。褶裥的表现形式更轻松，能改变省道给人的刻板感觉，增强了服装的艺术效果。

（2）褶裥的设计与应用

① 如效果图所示，是前胸围线和腰围线之间有褶的款式。上衣褶量一般情况下可将前浮余量通过省道转移而获得，但根据款式要求，此款褶量仅靠浮余量转移而来是不够的，因此须拉展出一定的褶量。先运用省道转移方法，将前浮余量转到腰省，再在纸样上褶的位置画几道辅助线，沿辅助线剪开拉展出褶量，修正外轮廓线（见图3-28）。

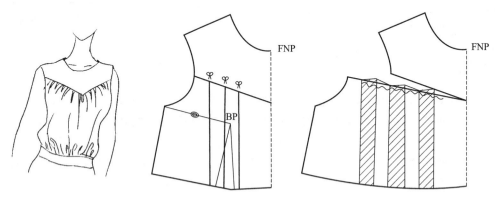

▲图3-28 衣身褶的设计

② 如效果图所示，是衣片前胸有多个裥的款式。先运用省道转移方法，将前浮余量转到肩部，再沿每个裥位剪开，将样板平移拉展出裥量。修正肩部缝线，完成纸样。此款将前浮余量包含在裥内，使服装与人体曲面相适应，避免褶裥因不符合人体而张开，影响服装的美观性（见图3-29）。

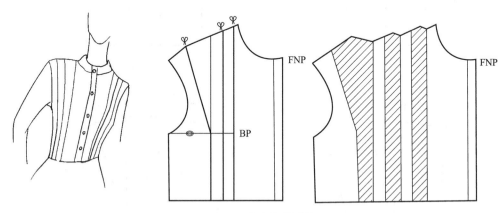

▲图3-29 衣身裥的设计

③ 如效果图所示，前衣片有腰省，分割线的上方有大量的褶。结构设计时，先运用省道转移方法，将侧缝省量转入腰省，再在纸样上褶的位置画好辅助线，沿着辅助线旋转拉展出褶量。此款褶量较大，为了其分布均匀，辅助线的数量可定得多些。修正好领弧线，画好外轮廓线（见图3-30）。

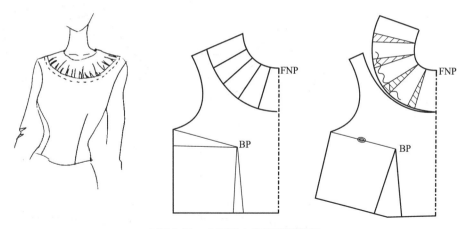

▲图 3-30　分割线上方有褶的设计

④ 如效果图所示，前中心处有横向的抽褶，褶量较大。进行结构制图时，先在基样上抽褶部位定一门襟省位，运用省道转移方法，将前浮余量转至门襟省，再在纸样上画好褶位辅助线，根据效果图拉展出褶的增加量（见图 3-31）。

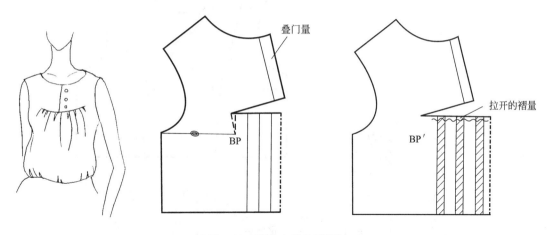

▲图 3-31　前中心处抽褶设计

⑤ 如效果图所示，领圈是一种帘式重褶，也称为环浪。环浪造型新颖别致，典雅飘逸，宽松自如，主要采用悬垂性好的面料，已广泛应用于现代服装中。进行结构制图时，先运用省道转移方法，将前浮余量和腰省转成领口省，再分析波浪的数量和深度，画出相应的辅助线，叠加展开所需的褶量，修正领圈和前止口（图中箭头为面料经向）（见图 3-32）。

⑥ 如效果图所示，是单肩不对称抽褶。结构设计时可先根据款式在肩线上取四个等分点，过这四点分别与两个 BP 点相连，作出辅助线。运用省道转移方法，将侧缝省量和腰省量转到辅助线位置，修正肩线，完成制图（见图 3-33）。

3. 分割线的结构设计

（1）分割线的分类　分割是指根据设计将衣片整体分成若干组成部分。通过对衣片的分割处理，运用分割线的数量、形态、位置的不同组合，丰富服装的外观。根据分割线的形态

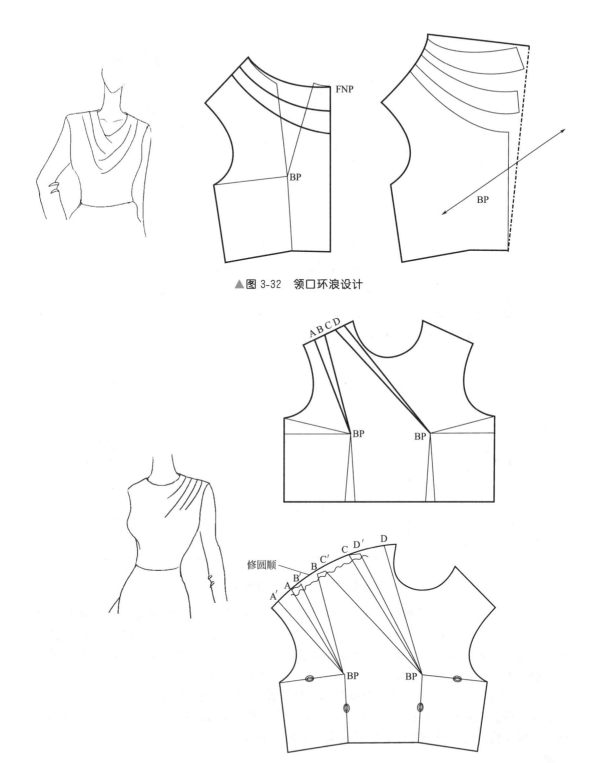

▲图 3-32　领口环浪设计

▲图 3-33　单肩不对称抽褶

可分为纵向分割线、横向分割线、弧形分割线等；根据分割线所起的作用，又可分为装饰性分割线和功能性分割线。

　　装饰性分割线是以表达服装的款式造型为主要目的，它借助于形式美的构图法则，利用线条的不同视觉效果，在服装上起装饰作用，通过对线条的起、伏、转、折等变化设计，表达设计师的设计意图。

　　功能性分割线不仅要表达款式设计的要求，更重要的是将省道巧妙地融入分割线之中，分割线设计是省道设计的变化形式，分割线设计和省道设计的本质是相同的，比省道的设计更富有表现力。当分割线的位置发生变化时，分割线的曲率形态也随之变化，包含在分割线中的省道的大小、形态会发生变化，由分割线作用形成的服装凹凸面的曲率形态也会发生变化，服装的外观造型也就发生变化，因此在设计分割线时，要遵循以款式造型为依据，以人体特征为根本的原则。

　　无论是装饰性分割，还是功能性分割，衣片分割的数量越多，则服装曲面的转折越平缓，服装的合体程度就越高。如公主线的设置，其分割线位于人体胸部曲率最大的部位，上连到肩省，下连到腰省，通过分割线塑型，表现出女性特有的胸、腰、臀曲线。但是服装结构设计的目的，并不仅仅为了适体，外观的完整性也不能忽视，不能把服装分割得支离破碎，分割线要均衡美观，用最少的分割，来达到最大限度的造型目的。

　　(2) 分割线的设计应用

　　① 如效果图所示，是通过 BP 点的分割线。可先在纸样上按效果图画出分割线，与肩线与腰围相交。由于分割线通过 BP 点，所以可直接运用省道转移方法，定交点为省口位置，将前侧缝省量转入肩省，再将肩省和腰省省缝线相连，形成分割线。在连省成缝时，要结合该省位省缝线的形状，同时不必拘泥于原省位，造型要美观 (见图 3-34)。

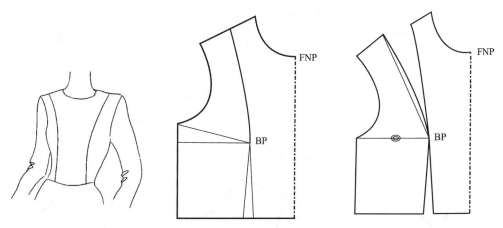

▲图 3-34　过 BP 点的纵向分割设计

　　② 如效果图所示，是分割线连接双肩的弧形对称分割。进行结构设计时，先画好分割线的位置，于肩线相交，然后以交点为省口位，运用省道转移方法，将前侧缝省量转入分割线位置。进行细部修正，画顺分割线，使分割线光滑美观 (见图 3-35)。

　　③ 如效果图所示，有袖窿斜向省道与横向造型的分割线，省尖不指向 BP 点，分割线通过 BP 点。进行结构设计时，可先确定袖窿省和分割线的位置，运用省道转移方法，将前浮余量和腰省量分别转入袖窿省和分割线位置。修正省道，画顺分割线，完成款式造型 (见图 3-36)。

　　④ 如效果图所示，是不过 BP 点的袖窿省和腰省组成的分割线。在进行结构设计时，先

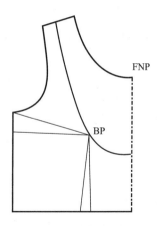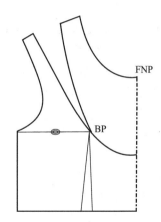

▲图 3-35　连接双肩的弧形对称分割设计

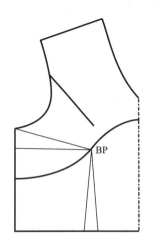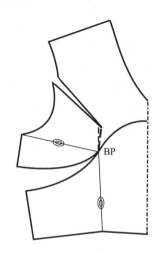

▲图 3-36　横向造型的分割设计

在纸样上作好分割线，将侧缝省捏合，省量转入袖窿分割缝，再将小刀片合并。画顺外轮廓线，完成整体造型（见图 3-37）。

⑤ 如效果图所示，是不过 BP 点的斜线分割。进行结构设计时，先在纸样上画出斜向的

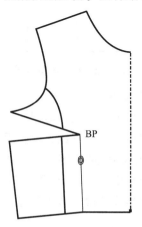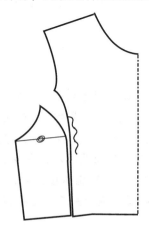

▲图 3-37　不过 BP 点的弧形分割设计

分割线，将分割线下部的衣片分离，同时叠合腰省。连 BP 点与分割线的端点 O_1、O_2，运用省道转移方法，叠合侧缝省和腰省，将省量转入分割缝中。修正外轮廓线，完成整体造型（见图 3-38）。

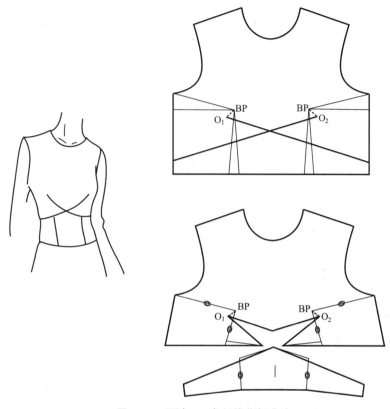

▲图 3-38 不过 BP 点斜线分割设计

4．撇胸

用一块面料覆合于人体的胸部，在人体的前中心线部位，就会出现多余的面料，只有将这些面料缝合或剪去，才能使前胸部平服合体。很显然，这是由于前胸存在胸坡角，使胸部至前颈窝形成了一个差量，为适应人体结构，使服装在胸部更合体，在前颈点就形成了一个类似省道的撇胸，也称作撇门。

在进行服装结构设计之前，首先要设计衣身的前浮余量，换句话说就是衣身的合体程度。按照全省的分解平衡原则，前浮余量越大，越要使其平衡分配处理，撇胸就是为了胸部的合体设计而从全省中分解的部分。撇胸无论以怎样的形式存在，其作用均是为了使服装体现胸部的合体、平整与舒适，因此，撇胸结构通常在胸部合体的平整造型中使用，它的量是前浮余量的分解，一般是 0.5～1.5cm。

撇胸的设计方法是：固定 BP 点，将纸样向逆时针方向转动，使前颈点向肩点方向移动 0.5～1.5cm，修正胸围线以上的前中心线（见图 3-39）。

撇胸处理后的前颈点，是胸省设计的分解和弱化。撇胸处理后的前中心线，已不是垂直结构了，因而前止口上部分就不能保证与面料的丝向一致，特别是面料有条格图案时，就会

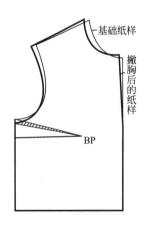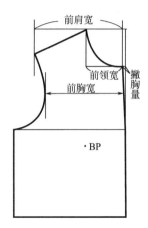

▲图 3-39 撇胸的形成

出现错条错格的现象。由于领口省和肩省靠近前中心线，因而设计有领口省或肩省的款式时，若需保持前中心线垂直，撇胸量可转移至领口或肩部，结合全省分解平衡的设计，将领口省或肩省省量加大，这样基本上可使前中心线胸部不平服的现象消失。若服装领口开至胸围线以下时，胸围线以上不顺直的部分不在服装上体现，撇胸转移的意义不大，且为了使领口造型更服帖，撇胸设计会更有其意义。

5. 结构平衡

平衡是事物产生美感的最基本条件。服装的平衡是指服装经省、褶、裥及其他结构、工艺方面的处理后，穿在人体上，无论是长度、围度、宽度还是曲面，和人体都能很好地吻合，合体平整，表面无造型所产生的褶皱，无前吊后翘、丝绺不正等弊病，而要保证这几点，结构平衡是关键。上装要达到结构平衡的重要因素是上装在穿着状态中前后衣身在腰围线以上部位能保持平衡，上衣外观出现的许多弊病，都是由于这部分衣身结构不稳定而引起的。无论是贴体型还是宽松型的服装，实现结构平衡的实质是消除衣身前后浮余量。

（1）前后浮余量大小的影响因素　决定衣身前后浮余量大小的因素有三点，即人体净胸围、垫肩量和胸围放松量。

① 净胸围的影响。人体净胸围越大，对衣身前后浮余量的影响越大。女装前衣身的浮余量是 $B^*/40+2cm$，后衣身的浮余量是 $B^*/40-0.5cm$；男装前衣身的浮余量是 $B^*/40$，后衣身的浮余量是 $B^*/40-0.4cm$。这表明人体净胸围越大，前后浮余量也越大，反之越小。

② 垫肩的影响。通过实验可知，肩部垫肩厚度每增加 1cm，则前后衣身浮余量均降低 0.7cm。因为垫肩的垫加使衣身 BL 以上部位趋于平坦，所以垫肩对衣身前后浮余量的影响用"0.7 垫肩厚"来表示。

③ 胸围放松量。衣身胸围越大，则衣身与人体的贴合程度越小。经过实验得知，女装前后衣身的浮余量受衣服松量的影响分别是 $0.05(B-B^*-12cm)$ 和 $0.02(B-B^*-12cm)$，但当 $(B-B^*-12cm)>20cm$ 时，衣身胸围的宽松量对前后浮余量的影响便不再增加，同时当 $(B-B^*)<12cm$ 时，衣身胸围由于宽松量较小，对前后浮余量的影响可忽略不计。因而由于衣身的松量而引起的浮余量的变化范围是 0～1cm。

综上所述，女上装衣身前后浮余量的计算公式是：

$$前浮余量 = 前浮余量理论值 - 垫肩影响值 - 放松量影响值$$
$$= (B^*/40 + 2cm) - 0.7垫肩厚 - 0.05(B - B^* - 12cm)$$
$$后浮余量 = 后浮余量理论值 - 垫肩影响值 - 放松量影响值$$
$$= (B^*/40 - 0.5cm) - 0.7垫肩厚 - 0.02(B - B^* - 12cm)$$

男上装衣身前后浮余量的计算公式是：

$$前浮余量 = 前浮余量理论值 - 垫肩影响值 - 放松量影响值$$
$$= B^*/40 - 0.7垫肩厚 - 0.05(B - B^* - 18cm)$$
$$后浮余量 = 后浮余量理论值 - 垫肩影响值 - 放松量影响值$$
$$= (B^*/40 - 0.4cm) - 0.7垫肩厚 - 0.02(B - B^* - 18cm)$$

（2）前后浮余量的消除方法

① 前浮余量的消除方法通常有以下几种。

用收省的方法处理：将前后衣身腰围线放在同一水平线上，在衣身上收省，省道量为前浮余量［见图3-40（a）］。这种方法多用于较贴体、贴体类的服装。

用下放的方法处理：前衣身原型下放，使前衣身的腰节线低于后衣身，下放量一般小于2cm，其余的量可浮于袖窿［见图3-40（b）］。这种方法多用于宽松类的服装。

部分下放、部分收省的方法处理：将前衣身纸样下放，使前衣身腰节线略低于后衣身，余下的浮余量在衣身上以省的形式消除［见图3-40（c）］。这种方法适用于较贴体、较宽松类的服装。

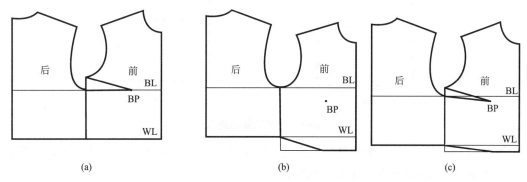

▲图3-40　女装前浮余量的消除方法

男体的胸部呈圆台状，与女体的圆锥状的体型不同。因此男装前浮余量通常不采用省道的形式来消除，而经常通过撇胸、下放和工艺处理的方法进行消除［见图3-41（a）、（b）、（c）］。

② 后浮余量的消除方法通常有以下两种。

用收省的方法处理：后浮余量用对准背部肩胛骨中心的任一方向的省道消除［见图3-41（a）］。

用工艺缝缩的方法消除：后浮余量在肩部用工艺缝缩的方法消除［见图3-41（b）］。

（3）实例分析

例1 已知一件较宽松风格的女装，胸围放松量是16cm，垫肩厚2cm，面料材质一般。计算该宽松服装的实际前后浮余量：

$$前浮余量 = (B^*/40 + 2cm) - 0.7垫肩厚 - 0.05(B - B^* - 12cm)$$
$$= (84/40 + 2) - 0.7 \times 2 - 0.05(16 - 12) = 2.5cm$$

$$后浮余量 = (B^*/40 - 0.5cm) - 0.7 垫肩厚 - 0.02(B - B^* - 12cm)$$
$$= (84/40 - 0.5) - 0.7 \times 2 - 0.02(16 - 12) = 0.12cm$$

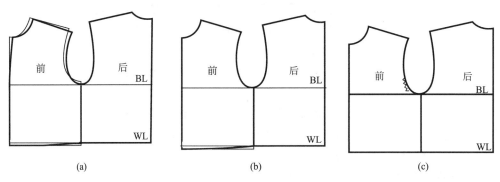

▲图 3-41　男装前浮余量的消除方法

前浮余量的消除方法：将前衣身下放 1.0cm，收胸省 1.5cm 或余量转入分割缝中消除。
后浮余量的消除方法（见图 3-42）：采用肩缝缝缩工艺处理。

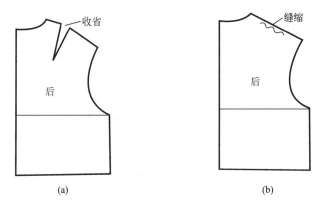

▲图 3-42　后浮余量的消除方法

例 2　已知一件宽松风格的男装，胸围放松量是 36cm，垫肩厚 1cm，面料材质一般。
先计算该宽松服装的实际前后浮余量：

$$前浮余量 = B^*/40 - 0.7 垫肩厚 - 0.05(B - B^* - 18cm)$$
$$= 92/40 - 0.7 \times 1 - 0.05 \times (36 - 18) = 0.7cm$$
$$后浮余量 = (B^*/40 - 0.4cm) - 0.7 垫肩厚 - 0.02(B - B^* - 18cm)$$
$$= (92/40 - 0.4) - 0.7 \times 1 - 0.02 \times (36 - 18) = 0.84cm$$

前浮余量的消除方法：采用撇胸的方法消除。
后浮余量的消除方法：采用肩缝缝缩工艺处理。

四、衣身结构变化

1. 衣身廓体

衣身廓体是衣身经各种结构处理后形成的主体外部形态。

服装优美的廓形塑造了服装的风格和品位，展示着人体体型美，按照衣身整体外观轮廓，衣身廓体可分为 H 形、A 形、T 形、X 形及 O 形五种基本类型。H 表示矩形，T 表示倒梯形，O 表示椭圆形，这些大写的英文字母，便于称呼，具有一定的象形意义。

若衣身围度方向的加放量不同，服装对人体的合体程度就不同。若从宽松趋于贴体，衣身廓形可分为宽松型、较宽松型、较贴体型和贴体型（见表 3-1）。

表 3-1　服装风格与胸围放松量的关系

单位：cm

性别	贴体	较贴体	较宽松	宽松
女	0～10	10～15	15～20	>20
男	0～12	12～18	18～25	>25

2. 衣身各部位结构变化

服装款式无论怎样变化，其结构都与基础纸样有着密切的关系，应把握结构线的形状、数量及所在部位的变化。结构线是服装结构图的具体体现，其特征及相互间的吻合关系是结构设计的重点。

（1）后背撇势　后背撇势实际上既起腰省的作用，又塑造背弯。女体由背部凸起最高点向下划垂线，与腰部形成的最大距离为 3cm，男体体型后背发达，会更大。这个距离产生的省量一部分由腰节线上的腰省处理，一部分就由撇势处理，以满足服装后背凹势的要求。

（2）领口造型变化　基础纸样的领宽、领深及领口弧线是按照人体颈根部的尺寸和形状绘制的。在设计各种领型结构图时，应以原型领口曲线为基础，以领型的立体效果为依据，来决定横、直开领的增加量。一般前后片横开领的增加量相同，但当款式为无领时，通常前片横开领的增加量小于后片。

（3）肩线造型变化　根据人体形态，在基础纸样中，肩线呈现前凸后凹的形状，呈现一定角度的肩斜。在设计肩斜时，后肩线的斜度、宽度基本上接近人体，而在前肩处留有较大的的放量。在进行肩部结构设计时，若款式合体，肩部需包裹较紧，可使肩端点在基础纸样的基础上适当降低 0～1cm；若款式宽松时，也可适当抬高 0～1cm；当服装需加垫肩时，可根据垫肩的厚度决定肩端点的位置，一般抬高 0.7 个垫肩厚度，且后衣片肩端点抬高量可大于前衣片。

（4）袖窿造型变化　根据衣袖对人体的贴体程度，袖窿风格可分为宽松型、较宽松型、较贴体型和贴体型四种。不同风格袖窿的前后冲肩量和凹度各不相同。服装宽松，胸围加大，袖窿宽度相对变大，袖窿变深，反之宽度变小，袖窿变浅（见图 3-43）。袖窿的变化意味着其合体程度的变化，且这一切的变化都必须使袖窿成为袖子袖山的最佳配比。

（5）口袋　口袋具有实用性和美化性的双重功效，它可以用来放手和盛装人们日常随身使用的小件物品，同时对服装整体造型起到装饰和点缀作用。口袋的款式变化很多，从外形上分有圆形袋、方形袋、弧形袋、斜形袋等；从结构上分，有贴袋、挖袋和插袋。运用

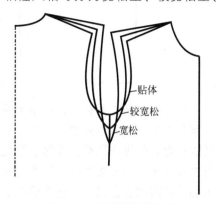

▲ 图 3-43　袖窿造型的变化

上述袋形相互变换，则能变化出各种各样的口袋，如贴袋可以制成吊袋，贴袋上可以再制挖袋。口袋可以和分割线结合设计，也可以和省、裥等综合运用。

口袋的位置应和功能性与装饰性两个方面相结合，要考虑与整件服装的平衡。口袋一般应设在手臂取物方便的地方，上装腰袋的袋口高低位置以腰节线为基准，以手臂长短和屈伸姿势为依据，设在腰节线向下7～8cm(短上衣)或10～11cm(长上衣)的位置。腰袋的前后位置在胸宽线向前1～3cm的位置，此点与腰节线向下8～10cm的交汇点，是手臂稍弯曲伸向口袋的最佳位置，袋口的大小以此为中心，两边均分。

口袋袋口规格的设计应以人手的大小为依据，成年女性的手宽一般是9～11cm，成年男子的手宽一般是10～12cm，袋口的大小是在此基础上加上一定的松量确定的。上衣胸袋只是手指取物，有的只起装饰作用，其袋口尺寸较小，女装为8～10cm，男装为9～11cm。

随着服装款式的日新月异，口袋的设计位置也在变化，有的在袖子上或袖口上钉口袋，也有在裤腿上钉口袋，既实用又美观。装饰口袋最多的要数旅行服和摄影者穿的摄影背心，上面口袋叠口袋，大大小小有十多个，有的休闲服在后背或领部还有个大口袋，这是为了天热衣服脱下来以后，翻过来就成了一个袋子。

口袋的设计要注意局部与整体之间，即与衣身之间的大小、比例、形状、位置及风格上的协调统一。口袋中贴袋的大小、挖袋嵌条的宽窄及袋盖的形状也可随款式的特定要求而变化，如门襟是圆角的，贴袋也应是圆角的，袋盖也是圆角的，口袋造型与衣身的造型一致，以免造成不协调而破坏了服装的整体之美。

(6) 门襟　门襟是为了服装的穿脱方便而设计的。服装为了穿脱的方便，通常会在上面留个开口，这个开口可以在前胸、后背或肩部（见图3-44）。在前衣片的正中开口具有方便、明快、平衡的特点，日常服装的门襟多设于此。

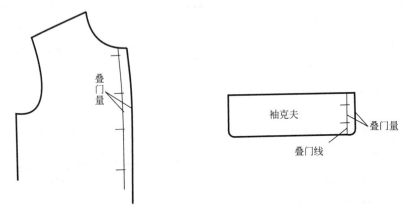

▲图 3-44　服装的叠门

门襟和领子相互衬托，和谐地表现着服装前部之美。门襟的变化是多种多样的，在长短上可分为半开襟和通开襟；位置在前中心线上的称为正开襟，其余的称为偏开襟；开口是直线的称为直门襟，还有斜线襟、弧线襟；有叠门量的称为搭襟，无叠门量的称为对襟，搭襟有左右两襟，锁扣眼的一侧称为门襟，也称大襟，钉扣子的一侧称为里襟，也叫底襟。一般男装的扣眼锁在左襟上，女装锁在右襟上，左右两襟叠合的部分叫叠门；单排直立式纽扣的称为单叠门，双排直立式纽扣的称为双叠门；正面能看到纽扣的称为明门襟，纽扣缝在夹层里的称为暗门襟。

叠门的大小对门襟款式的变化起着主导作用，一般单排扣服装的叠门量因服装的种类和纽扣的大小而定，约是纽扣的直径加上边沿量（0.5～1cm）。衬衫钉小扣，叠门量是1.7～2cm；外套钉中扣，叠门量是2～2.5cm；大衣钉大扣，叠门量是3～4cm。双排扣服装的叠门量根据个人爱好及款式确定，衬衫为5～7cm，外套为6～8cm，大衣为8～10cm，纽扣一般是钉在前中心线的两侧。有时对于同一直径的纽扣，由于叠门部位受力大小的不同，叠门量也会有区别，如男衬衫前中心门襟叠门量往往大于袖头部位的门里襟叠门量，这就是由于前者部位的横向拉力远大于后者。

（7）扣位　纽扣位置很大程度上受门襟形状和叠门宽窄的影响。一般根据服装款式定出第一粒纽扣和最下面一粒扣，其余的扣位按这两个扣的间距等分。第一粒扣在领深与叠门线的交点向下移一个直径的距离点，或一个扣的直径再加上0.7cm左右的点，驳领衣服的扣位在驳折止点处。另外，在服装上还有一些纯粹起装饰作用的纽扣，如钉在前胸、口袋、袖子等处。

第二节　衣领结构

衣领是构成服装的主要部件之一，是服装结构设计的重要组成元素。衣领不仅体现着服装的美感，影响颈部的运动和面部的仪态，在很大程度上也决定了服装的风格。衣领是服装的一部分，与衣身领口的弧线（领窝）相缝合，而领窝有时不仅与领部的结构关系密切，而且与肩部和前胸的结构关系也密切，因而衣领与领窝配合时，既要考虑领子的形状和变化原理，也不能忽视领窝的基本形状，这就使领子的结构变化复杂化了。进行衣领结构制图时，分析各种衣领的内部构造和设计的方法及规律，是十分重要的。

一、衣领的基础结构

1. 衣领的分类

衣领的款式造型、格调丰富多变，但从结构设计的角度看，各种衣领都是运用缩小、放大、展开、变形等一系列设计手法，对基本领型进行变化导致产生的外观效果不同而已。衣领结构按其本质而言，可分为以下几个类型。

（1）无领类　领窝的形状是领的造型，亦称领口领。领口形状可以是圆形、方形、椭圆形、鸡心形、花瓶形等。

（2）立领类　立领分为单立领和翻立领两种，其中单立领领身只有领座部分，翻立领有领座和翻领两部分，这两部分是分离的。

（3）翻折领　领身分为领座和翻领两部分，且两部分用同料相连在一起。

（4）变化衣领　将基本结构的衣领与抽褶、波浪等结合起来，形成各种变化结构的衣领。

2. 基础领窝的构成

基础领窝是自颈椎点（BNP）经左右颈侧点（SNP）到前中点（FNP）所形成的颈围，基础领窝是基础纸样的领窝，是以人的颈部形态为依据而设计的。人体的颈部形状是一个不规则的圆台（见图 3-45），上细下粗，男性向前倾斜约 17°，女性约 19°，颈根围与颈中部的围度差一般为 2.5～3cm。颈部的这种形态特征决定了衣领成型后的外观造型，同时在作领型设计时，不仅要考虑领子与颈部的形态特征相吻合，还要留出一定的活动间隙，有利于颈部的活动。人体颈部在前、后、左、右倾斜的活动范围能达到 45°，特别是在日常生活中，颈部前倾的程度较大，因而要适当增加前领窝的深度。

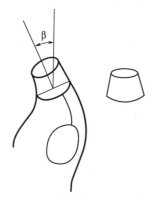

▲图 3-45　人体的颈部形态

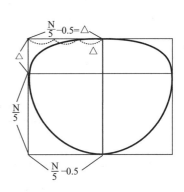

▲图 3-46　基础领窝结构模型

领围的规格是绘制衣领结构图的重要依据，领围规格的确定，必须根据测量的部位和穿着条件的不同而加加放量。进行颈围的测量时，要注意颈围上下部位的围度差，当测量的部位不同时，放松量也不同。通常测量颈部最细处时，内衣所加的松量为 3cm；外衣的领围，可以在内衣领围外围量一周，然后加 2cm 以上的放松量，或在内衣领围的基础上，根据所穿衣领层数的总厚度而定。一般穿在衬衫领外的外衣领围另加 2cm，穿在绒线衣领外的外衣领围另加 3cm 左右。

基础领窝是衣领设计的基础，基础领窝结构模型必须具备两个条件：一是基础领窝线的总弧线长等于设计的领围大小 N；二是基础领窝的领窝宽与领窝深之比是 1.3～1.4，符合颈部的横径与纵径之比。

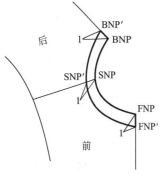

▲图 3-47　领窝弧线特征

领窝的前后分配是指颈侧点在领弧线上所处的位置，在作图时可采用五分法来分配前后领窝，假设领围是 N，前领窝深 = N/5，前领窝宽 = N/5 − 0.5cm（见图 3-46）。

各种衣领在进行结构设计时都必须先画好基础领窝，再对基础领窝进行变化，通过加大、变形等手法构成具体款式的领窝。

基础领窝线有一重要特征：当前后领窝的宽、深分别加大 1cm 时，领窝弧线总长增加 2.4cm（见图 3-47），并且可以推断，当前后领窝宽、深分别增加 a 时，领窝弧长增加 2.4a。

3. 衣领结构线名称

图 3-48 所示是各种衣领的结构线和轮廓线名称。

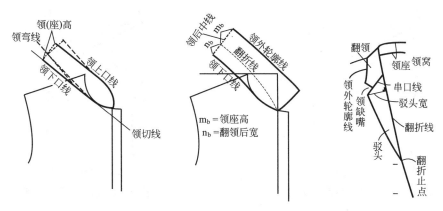

▲图 3-48　衣领的结构线和轮廓线名称

领子的具体设计是丰富多样的，其主要结构构成包括衣身装领线的形状和长度、领外轮廓线（如是立领，则是领上口线）的形状和长度，通过领子翻折线形成的底领和翻领的宽度以及驳头的形状和宽度等，改变这些面的宽度和各线条的长度，就能设计出各种不同的领型。

二、 无领结构

不装领子的衣领结构称为无领结构，这并非是一种简单的除去领子的结构，其造型主要体现在领窝上，利用领窝的不同形态、不同组合方式，来达到对人体面部修饰、美化的目的。由于这种领型没有领身，受颈部的制约较少，可以根据服装款式在形式上作丰富的变化。

1. 前连口型无领结构

前连口型无领结构指前中心没有开口，处于连折状态的无领结构。由于人体前胸呈倾斜状态，衣身的前中心浮余量使无领的领口前中心常常出现起空、荡开的弊病。在进行结构设计时，为避免这种状态的发生，前领窝宽可比后领窝宽小 1cm，即后领窝宽 = 前领窝宽 + 人体固有的撇胸量 = 前领窝宽 + 1cm。采用前后领窝差数的方法，缝合肩线后可以撑开前片领窝宽，消除衣服在前中心线处不平服的余量，后领窝深及前后肩线差保持不变（见图3-49）。

2. 前开口型无领结构

前开口型无领结构是指在前中心处开口的无领结构。由于有前中心线的存在，当衣身前中心浮余量不能被其他形式充分消除时，可在此设计撇门，同时按基础领窝方法制图，前领窝宽 = 后领窝宽（见图3-50）。

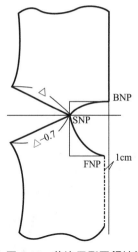

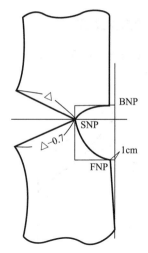

▲图 3-49　前连口型无领结构　　　　　▲图 3-50　前开口型无领结构

 3. 无领结构设计的原则

（1）前后横开领的加大量一定要在基础纸样的基础上进行，前后横开领点应始终在基础纸样的肩线上，否则领窝的肩颈点会起涌、起空，和人体不相贴合。

（2）无领结构中，前后横开领点是服装的着力点，如果在裁制中稍有不当，就会产生不平衡不合体的缺陷。横开领的宽度一般是 10～18cm，为保证领口造型的稳定性，横开领点距肩端点应保持 3～5cm，若横开领大于 18cm 时，就要考虑增加吊带。

（3）前连口型的无领设计要注意领窝尺寸的大小。领口一般不小于 60cm，否则穿脱困难。小于 60cm 的领口必须考虑增设开口，如前开口、后开口、肩开口等，开口长度以满足穿脱方便为前提，有利于穿脱。

 三、立领结构

立领是指领身呈直立状态，围绕颈部一周或大半周的领型，简洁、利落，具有较强的实用性。凡是有领型的衣领结构设计都是有共同规律可循的，各类领型的设计是可以相互转化和利用的，从立领结构设计原理的剖析中，可以找出各种衣领结构设计的规律和联系。

 1. 立领的结构设计要素

（1）领座侧倾斜角　立领的基本形状是一直条形，它的长度等于领围，宽度是领子的高度。改变领上口线的长度，直条形的领子形成弯曲状，若领上口线缩短可使领子内倾，贴合脖子；若领上口线加长可使领子外倾，偏离脖子。领座侧倾斜角 α_b（简称领侧角），是指领座侧部与水平线之间的倾斜角。每一种衣领都存在领侧角，领侧角的大小决定立领轮廓造型和领座侧后部的立体形态（见图 3-51）。

① 领侧角 $\alpha_b = 90°$。当领侧角 $\alpha_b = 90°$ 时，衣领上口线和下口线长度相等，领座呈竖直筒状［见图 3-51(a)］，但由于人体颈部下粗上细，呈圆台状，因此衣领上口与颈部之间有

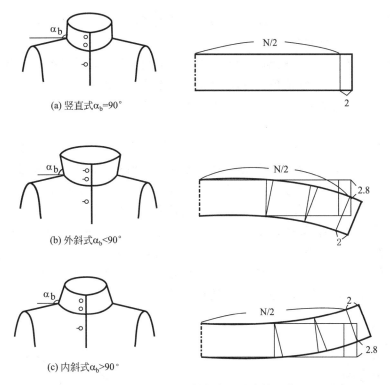

(a) 竖直式 $\alpha_b=90°$

(b) 外斜式 $\alpha_b<90°$

(c) 内斜式 $\alpha_b>90°$

▲图 3-51　不同领侧角立领的立体形态

一定的空隙，领身与人体颈部稍分离。

　　② 领侧角 $\alpha_b<90°$。当领侧角 $\alpha_b<90°$ 时，立领的领上口线向领下口线方向弯曲，使立领上口线大于下口线，领座侧后部向外倾斜，形成倒锥体的领型结构，领上口形态偏离颈部，形成外斜式领型 [见图 3-51(b)]。

　　领侧角 α_b 越小，立领向外倾斜的程度越大，领下口线弯曲度越大，领上口线越长。但领身向外的倾斜是有一定限度的，当立领上口线长到一定程度，领身的上半部分就容易翻折，构成了事实上的领座和翻领部分。当领下口线与领窝弯曲率完全相同（曲率相同，方向相反）时，立领就完全翻贴在肩部形成了翻领结构，立领的特点就消失了（见图 3-52）。

　　③ 领侧角 $\alpha_b>90°$。当领侧角 $\alpha_b>90°$ 时，立领的下口线向领上口线方向弯曲，领上口线长度变

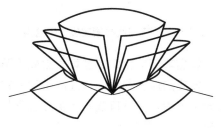

▲图 3-52　$\alpha_b<90°$ 的立领的造型

短，领座侧后部倾向人体颈部，领身与人体颈部贴近，呈锥体状态，形成内斜式领型 [见图 3-51(c)]。当立领的上口线与下口线长度相差 $2\sim3cm$ 时，成型后的立领与人体颈部的自然形态很相似，为使立领上口保持头部活动的容量，若立领上、下口线长度相差过大，或立领宽度超过颈高时，则要开大领口。

　　领侧角 α_b 越大，立领内倾程度就越明显，上、下领口线长度的差量就越大，当领下口线的曲率和领窝的曲率完全吻合时，立领的特征就消失了，变成了原身出领。

由此可见，立领平面结构图的形状直接影响立领的立体造型，其中影响较大的因素一是领下口线的弯曲方向，二是领上口线与下口线之间的长度差值。在此变化过程中，领下口线只有曲率的变化，其长度始终和领窝弧线长相一致。

(2) 领座前部造型　领座前部造型是指领座前倾斜角和领座前部的轮廓造型。

领座前倾斜角 α_f(简称领前角)，指领座前部与前中心线的夹角。

领座与衣身对接线的曲率即领下口线的曲率，不仅决定了领侧角 α_b 的大小，也决定了领座前部的立体形态，影响了领座与衣身吻合点的位置。

衣领与领窝的连接在人体上体现为衣服领部与颈、肩、背、胸部的适体。当衣领与衣身分开呈平面状态时，领下口线与领窝线总有部分曲率是相等的，在这一区域中，衣领和衣身组成的是平面。当这一部分形成的面不存在时，有一转折点，自此领下口线与领窝线的曲率不同，衣领和衣身组合成立体状态，这一转折点是领下口线与领窝线曲率相同的吻合点，也称为领切点（见图 3-53）。设领切点为 O，若 O 点趋向于 FNP 的位置 O_1，领下口线与领窝线的距离相差越大，反映在成形后的立领上，则领前倾角 α_f 越小；若 O 点趋向于距 FNP2/3 前领窝长的位置 O_5，领前倾角 α_f 趋于 180°。领座与领窝吻合的领下口线越长，与前衣身处于同一平面的部位越多，与人体体表平贴的程度越大。

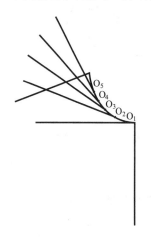

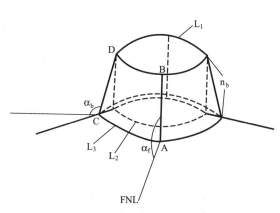

▲图 3-53　领下口线与领窝线的吻合点　　　　▲图 3-54　单立领结构

领座前部的轮廓造型可根据效果图确定。

领座的形状和领上口线的长度决定了立领的立体状态和领的大小。一般情况下，领上口线长＝领围，领下口线长＝实际领窝长＋0.3cm(装领松量)。

2. 单立领的结构设计

(1) 单立领结构模型　单立领的结构模型（见图 3-54）中，L_1 为领上口线，L_2 为基础领窝线，L_3 为领下口线，也是实际的领窝线。L_1 和 L_2 大小相等，都等于领围 N。领侧角 α_b 是领座侧部与水平线的夹角，领前角 α_f 是领座前部与前中心线的夹角，n_b 为侧后部领宽。

由立领模型可以看出，只要确定了 α_b、α_f、N 的大小，就可根据立领侧部与肩线、领窝线和立领前部与前中心线的立体相互关系，用平面的方式来简化和处理立领与领窝、前中心线的结构关系。

（2）实际领窝线 根据领围的大小，修正基础领窝，使后领窝宽 $= N/5 - 0.4cm$，后领窝深 $= (N/5 - 0.4cm)/3$，前领窝宽 $= N/5 - 0.8cm$，前领窝深 $= N/5$（见图3-55）。

当领座高度小于4cm时，立领装在与人体颈部相吻合的领窝线上；当立领高度超过4cm时，超过了颈高，需将基础领窝开宽、开深。

当领侧角 $\alpha_b > 90°$ 时，领座内倾，领下口线必然大于领上口线，即大于领围N，相应地就要根据领的造型调整领窝宽、深，作出实际领窝。

实际领窝的作法如图所示：根据领侧角 α_b 和 n_b 的实际值，在前领窝上过点B(SNP)作垂线BB′，作直线B′B″与水平线成倾斜角 α_b，交肩线于B″，B′B″ $= n_b$，n_b 为领座后宽，BB″为领窝宽开大量。过A点（FNP）作前中心线的垂线至A′点，作直线A′A″交前中心线于A″，α_f 为领前角，A′A″ $= n_f$，n_f 为领座前宽，AA″

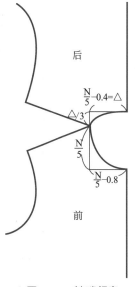

▲图 3-55 基础领窝

为前领窝开深量［见图3-56(a)］。再根据领的款式造型，画顺前实际领窝弧线。在后领窝上，过C点（SNP）作垂线CC′，作直线C′C″与水平线的夹角为 α_b，交后肩线于C″，C′C″ $= n_b$，CC″为领窝宽开大量［见图3-56(b)］。在实际结构设计中，立领的后中部由于合体的需要，基本不变，领后部立体形态和结构模型中的领后部基本相同。

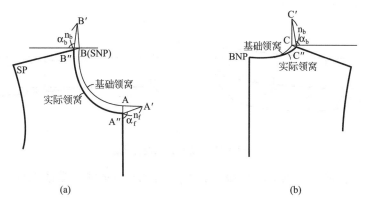

(a)   (b)

▲图 3-56 立领的实际领窝的作法

（3）单立领的结构制图方法

① 直接作图法。按已知立领领围N修正基础领窝，测得前领窝弧长为 L_{1f}，后领窝弧长为 L_{1b}。根据领侧角 α_b、领前角 α_f，领座后宽 n_b，领座前宽 n_f，确定横开领和直开领的开大量，作出实际领窝，测得前实际领窝弧线长为 L_{2f}，后实际领窝弧线长为 L_{2b}［见图3-57(a)、(b)］。

作长 $= N/2$，宽 $=$ 后领座宽 n_b 的矩形ABCD，将AB三等分，得三等分点E、F［见图3-57(c)］。

在E、F、B点剪切、拉展，使EE′ $= L_{2b} - L_{1b}$，FF′ $= (L_{2f} - L_{1f})/2$，BB′ $= (L_{2f} - L_{1f})/2$，按效果图要求使B′C $= n_f$［见图3-57(d)］。

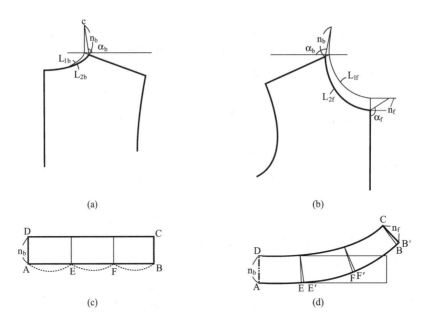

▲图 3-57 立领的直接作图法

最后用光滑的曲线连接 A、B′、C、D 点，构成所需造型的立领结构。

② 几何作图法。以 N/2 为长，领座后宽 n_b 为宽，作矩形 ABCD。在 BC 上取点 F，BF 为起翘量。内倾型立领向领上口线方向起翘 [见图 3-58(a)]，外倾型立领向领下口线方向起翘 [见图 3-58(b)]。

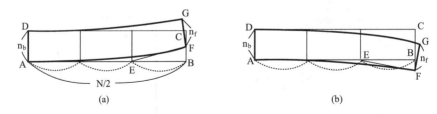

▲图 3-58 立领的几何作图法

将 AB 三等分，得等分点 E，连 EF。过点 F 作 EF 的垂线，垂线上取 G，FG = 领座前宽 n_f。

分别用圆顺的曲线连接 A、F、G、D，完成立领制图。

几何作图法变化灵活，实用性广。图中立领的起翘量是根据颈围和领围的长度来设计的，起翘量 = (领围 - 颈围)/3，一般情况下是 1.3~3.5cm。当起翘量<1cm 时，领子在视觉上无倾斜感；当起翘量>3cm 时，领的锥形特征明显，内倾型立领容易使领上口线小于颈围而产生不适感。

③ 配伍作图法。按已知立领领围 N 修正基础领窝。根据领侧角 α_b、领前角 α_f，领座后宽 n_b，领座前宽 n_f，确定横开领和直开领的开大量，作出实际领窝，画出叠门量 [见图 3-59(a)、(b)]。

根据效果图上领的造型，在实际领窝上确定切点 C，作切线 CD，使领下口弧线长 = 实际领窝弧线长 + 0.3cm。过 D 作 CD 的垂线 DE，DE = n_b [见图 3-59(c)]。

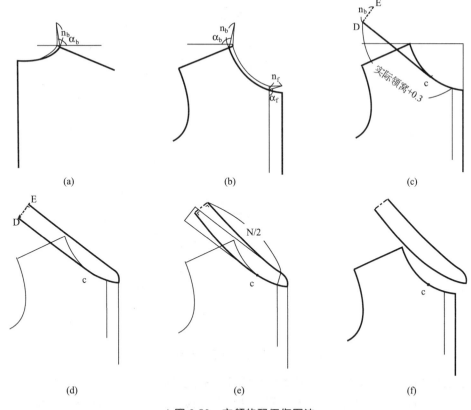

▲图 3-59　立领的配伍作图法

作出领前部造型，注意领上口线前部的形状（直线或弧线），这是领造型的重要体现 ［见图 3-59(d)］。

采用折叠或拉展法，将领上口线缩小或扩大成 N/2，注意领前部的造型不变 ［见图 3-59 (e)］。

3. 连身立领结构设计

连身立领是一种立领和衣身相连的组合形式，风格独特。连身立领的衣领部分和衣身可以全部相连，也可以部分相连。

（1）衣领和衣身连裁　如效果图所示，连身立领的领身与衣身相连，领前部有省道，较合体。由于这种衣领是由前、后衣片直接向上延伸而形成的，领侧角 α_b 较大，易造成领上口线缩短而影响其功能性，或者会因领上口线长度较短压迫颈部而出现外观不平整现象，为解决这一问题，应适当开大领窝宽和领窝深，增加领上口线的长度。结构制图方法如下（见图 3-60）。

根据效果图，将基础领窝前、后横开领开大 3cm，直开领开深 1cm，画出实际领窝。在领口位置作出衣领高度，确定胸省和背省的省口位置 ［见图 3-60(a)］。

运用省道转移的方法，分别将前后衣片的浮余量全部或部分转移到前后领省中。为塑造立领的立体造型，在省线与领上口线的交点处各向外放出 0.4cm，肩线向外起翘 2cm，使领

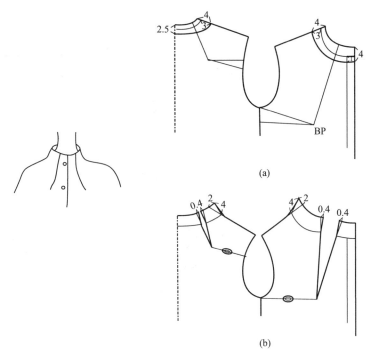

▲图 3-60 衣领和衣身全部相连的立领

上口线长度增加，美观而舒适。连顺各弧形线条，完成结构图 [见图 3-60(b)]。

(2) 衣领和衣身部分相连 根据立领的性质和前面介绍的立领制图方法可知，当立领和领窝部分连成一体时，衣领和衣身会产生重叠现象 (见图 3-61)，因而该领型设计的关键是如何将重叠部分分离开。

根据领下口线与前领窝线相切的原理，领下口线由水平 a 状逐渐向上倾斜形成 b、c 状时，它与领窝切点的位置也由 O_1 逐渐外移成 O_2、O_3，衣领与衣身的重叠部分减小，领下口线与领窝的吻合部分增多，即衣领与衣身连接的部位变多 (见图 3-62)。

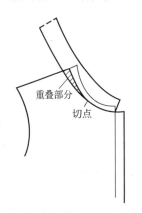

▲图 3-61 衣领和衣身重叠现象

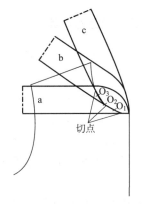

▲图 3-62 重叠部分与吻合点的关系

为使衣领与衣身的重叠部分分离，常用的结构处理方法有以下几种。

① 增加领窝处收省量。根据效果图在前衣身上作出立领结构，过领下口线与领窝的切

点与 BP 点连线，沿连线剪开，再运用省道转移方法，将前浮余量转到连线位置，肩颈点随领省省量的增加而外移，从而使衣领与衣片的重叠部分分离开，且留下领下口线与领窝线的缝份（见图 3-63）。

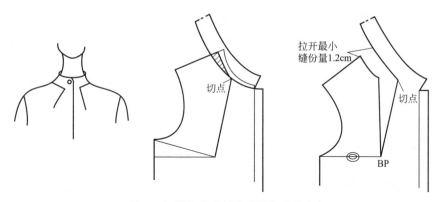

▲图 3-63　增加领窝处收省量作连身立领

② 分割前衣片。先根据效果图在前衣身上作出立领结构，过领下口线与领窝的切点作分割线，使衣身和与衣领有重叠部分的衣身分解成为两个独立的衣片，以满足连身立领的结构需要（见图 3-64）。

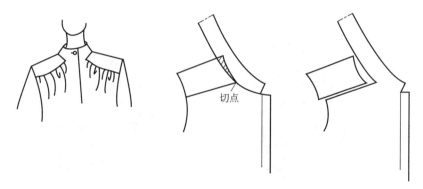

▲图 3-64　分割前衣片作连身立领

③ 分割衣领领面。根据效果图在前衣身上作出立领结构，由领下口线与领窝的吻合点处在衣领上作分割，将与衣身重叠部分的衣领切开取出，单独配制（见图 3-65）。

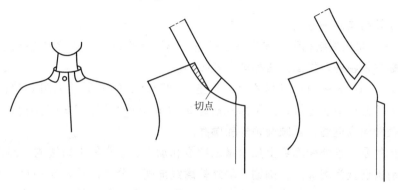

▲图 3-65　分割衣领领面作连身立领

4. 翻立领的结构设计

（1）翻立领结构模型　翻立领是由立领做领座，翻领作领面组合成的领子。翻领要平整，翻领宽大于领座宽，覆盖住领座，领面与领座曲凹势相近而方向相反，且在围度上与领座之间有一定的松度。在实际运用中，通常根据翻领的宽度及翻领与领座之间的空隙度来调整翻领与领座的曲凹势。

翻立领领座的结构制图方法和单立领的结构制图方法一样，要进行翻领部分的结构制图，首先要了解翻领与领座之间的相互关系。

翻立领结构模型中，CD＝领座后宽 n_b，CE＝翻领后宽 m_b，BF＝翻领前宽 m_f，BA＝领座前宽 n_f。先将图形理想化，设 $BF' = CE = m_b$，从图中可以看出翻领的前部外轮廓造型对领侧后部松量没有影响［见图3-66（a）］。

作出理想结构中翻领的外轮廓线在衣身上的轨迹 BNP′—E—F′，翻领落在肩上与实际领窝线距离为△［见图3-66（b）］。由于基础领窝的宽、深分别增加 a 时，领窝弧长就增加 $2.4a$，所以翻领的外轮廓线比实际领窝弧线长 $2.4△$。由于领前部造型的变化对领后部造型没有影响，因此领侧后部分配的松量为 $1.8△$，经过近似处理后为 $1.8(m_b - n_b)$，即翻领的松量只考虑在翻领外轮廓线上增加 $1.8(m_b - n_b)$ 的松量，而翻领的前部只要按造型画顺即可。

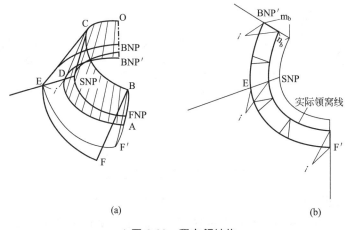

(a)　　　　　　(b)

▲图3-66　翻立领结构

（2）翻立领结构制图方法

① 配伍法。配伍法结构设计是在单立领（领座）结构设计的基础上进行的。

先作出翻立领领座，作图方法和单立领相同。

作长＝N/2＋（0.3～1）cm（翻领上口松量）、宽＝m_b 的矩形［见图3-67（a）］。将矩形四等分，在各等分点剪切拉展，分别加入松量 $0.6(m_b - n_b)$ ［见图3-67（b）］。

作出翻领外轮廓造型，画顺翻领外轮廓线。

需要考虑的是，领外轮廓线上加松量的部位和加入的量与领上口线的前部造型有关。如果领上口线前部造型为圆弧形，则翻领的外轮廓线前端等分点应放入 $0.6(m_b - n_b)$ 的松量；如果领上口线前部造型为直线形时，该点基本上不放松量；如果领上口线前部造型部分为圆

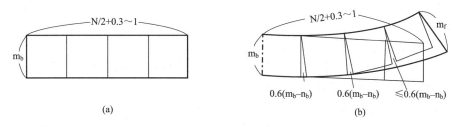

▲图 3-67 配伍法作出翻立领

弧形、部分为直线形时，该点的放松量应小于 $0.6(m_b - n_b)$，放入量的大小由外轮廓线前端直线和弧线的比例而定。

② 几何作图法。翻立领几何作图法和单立领的作图方法相似。

四、翻折领结构

1. 翻折领结构设计要素

(1) 翻折领结构模型　翻折领也叫翻驳领，又叫折领，由领座和翻领两部分组成。

翻立领结构模型中（见图 3-68），L_1 为领下口线，L_2 为翻折线，L_3 为领外轮廓线。BC 为领座后宽 n_b，BD 为翻领后侧宽 m_b。

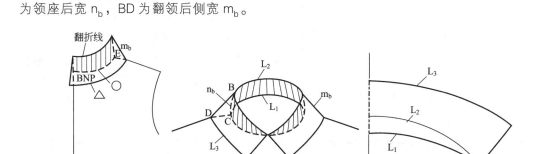

▲图 3-68 翻折领结构

由于翻折领的领座和翻领部分是连成一体的，因此它在结构图上由三条曲线组成。翻领的外轮廓线 L_3 的长短和曲率的变化，决定了领座的高度和翻领的松量，同时外轮廓线的形状直接影响领子成形后的外观。领下口线 L_1 与领窝线长度相吻合，与衣身相缝合，L_1 曲率的改变会影响领座的高度和领外口线的长度。

翻折线 L_2 是翻领和领座的分界线，它的形状和位置受 L_1 和 L_2 的形状和长度的制约，决定翻领成形后翻折线的形状。

(2) 翻领松量　随着立领的领侧角 α_b 的逐渐变小，领上口线逐渐变长，立领会自然向下翻倒，直至衣肩，形成了包含翻领与领座的翻折领。翻领松量是翻折领外沿轮廓线为满足实际长度而增加的量，当这个增加的量用角度表示时，称为翻折松度。由翻折领背部结构模型可以看出，翻折领的松量是翻领立体形态外轮廓弧线长与领座下口弧线长之间的差值（△ － ○）。

领子的松量是为了使立领弯折时，适应人体肩部的需要而对领外轮廓线长度施加的量。当翻领松量的施加量大于领子造型需要时，成形领的领座高度会低于设计高度，反之则会使领座高度高于设计高度。

翻领的松量受构成材料厚度的影响。不同厚度的材料，其影响值不同，一般薄料是0.5cm，中厚料是1.5cm，厚料是2.0cm。

材料的弹性对翻领松量也有影响，比如毛料，弹性好，具有较强的可塑性，可通过工艺归拔熨烫处理，使面料拉伸或收缩，形成一定的立体造型，这样翻领松量可适当减小，而对于人造纤维织物而言，弹性较差，松量可适当大些。所以实际制图时翻领的松量是：△－○＋材料的影响值。

（3）翻折基点　设翻折领领座与水平线的夹角是 α_b，过 SNP 点作与水平线夹角为 α_b 的 A～SNP 线，A～SNP＝n_b，作 AB＝m_b 交肩线于 B 点，在肩线的延长线上有一点 A′，BA′＝m_b，则 A′点可视为翻领的立体形状在肩线延长线上的投影，为翻折基点 [见图 3-69(a)]。通过计算得知，当 α_b 的值趋于 90°时，翻折基点 A′位于肩线延长线上距 SNP $0.7n_b$ 的点的附近。

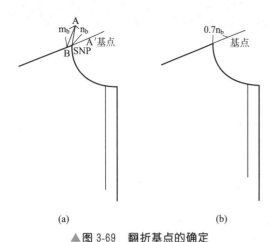

▲图 3-69　翻折基点的确定

翻折基点是翻折领结构设计的重要因素之一，它决定了翻折线的位置，翻折基点不是一个不变的固定点，而是受翻领和领座的条件以及面料性能的影响，是各方面影响因素的综合表现。各种配领的制图方法对翻折基点的定位有多种选择，通常可简单地将在肩线延长线上距肩颈点 $0.7n_b$ 的点确定为翻折基点 [见图 3-69(b)]。

（4）领侧角 α_b　在翻折领的结构模型中，领下口线 L_1＜翻折线 L_2。将其在翻折线处剪开，使其分为翻领和领座两部分，领座的弧线是向领下口线方向弯曲的，因而领座可视为是立体形态为外倾型的立领，领侧角 α_b＜90°，领上口线偏离颈部。随着领下口线（装领线）曲率的增加，(L_2-L_1) 逐渐增加，领侧角 α_b 逐渐减小，领座高逐渐减小，翻折线偏离颈部的程度也相应增加，领子的外观造型会受到影响，特别是对于一些宽大的领型来讲，这种现象更为突出，为较好地解决这一问题，通常用以下方法处理。

① 工艺处理法。结构制图时，使领下口线比实际领窝线小 x（一般情况下，当 α_b＝90°时，x＝0.5～1cm；当 α_b＞90°时，x＝1～2cm），再利用面料的伸缩性，借助于工艺配合，在领下口线的 SNP 附近熨烫拔开，使领下口线长度经工艺处理后等于领窝的长度，领侧角 α_b 变大（见图 3-70）。不过，要达到上述的要求，面料的性能很重要。

② 分领座法。分领座法是将翻领部分和领座部分人为地分割开，并通过对领座形状的调整，改变领翻折线和领下口线的长度差值，改变领座侧角 α_b 的大小，达到改善领外观造型的目的。为保持翻领外观的完整性，要将分割线隐藏在领座内，因而分割线在后中心处距翻折线 1cm，在领前侧距 FNP 为 3～4cm [见图 3-71(a)]。

将分割下来的领座部分作纵向分割，分割线间距 3～4cm，在分割线处将领座下口拉展

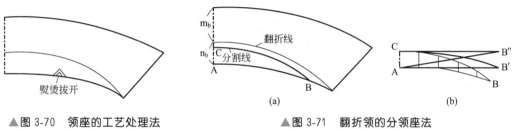

▲图 3-70 领座的工艺处理法　　　　▲图 3-71 翻折领的分领座法

0.5～2cm，使领下口线的曲率发生变化，有时弯曲方向也会发生改变，从而改变了翻领领座的侧斜角 α_b[见图 3-71(b)]。

通过分领座的处理，使领翻折线的长度缩短，相应地翻折线与颈部的距离也变小，领座的侧倾斜角 α_b 增加，改善了领外观造型。

2. 翻折领的结构制图方法

（1）直接作图法　先修正基础领窝，使领围为 N。在前衣身的 SNP 点作直线 A～SNP，与水平线成侧倾斜角 α_b。A～SNP $= n_b$，过 A 点作 AB 交肩线于 B 点，BA $= m_b$。肩线延长线上找出翻折基点 A′，BA′ $= m_b$，画出翻折线和领前轮廓线，测得领前轮廓线弧长○ [见图 3-72(a)]。自后领窝中心 BNP 向下取垂线长 $= m_b - n_b$，画顺领后轮廓线，量取后轮廓线弧长△ [见图 3-72(b)]。

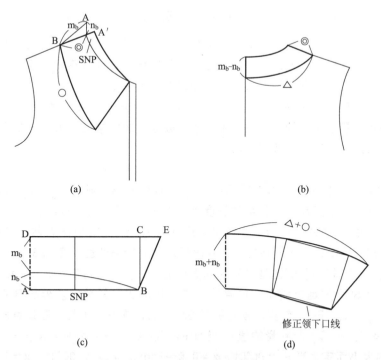

▲ 图 3-72 翻折领的直接作图法

作矩形 ABCD，长 = 领窝弧线长，宽 = $m_b + n_b$，作出领前部造型 [见图 3-72(c)]。比较领实际造型的弧线长（○＋△）与图 c 中 D～E 弧线长，将其差值在靠近 SNP 处放出，注意保持领前部造型不变［见图 3-72(d)］。

根据领前部的翻折线形状，修正装领线。最后将变形后的翻领轮廓线画顺。

（2）简易作图法　随着领侧倾角 α_b 的逐渐减小，领下口线曲率增加，接近于衣身领窝，m_b 与 n_b 相差较大，使领座几乎全部变成领面贴在肩上，这种领子称为盆领。盆领的结构制图通常借助于前后片衣身纸样，这样更直接、准确，制作方法如下。

将前后片纸样的 SNP 重合，SP 处肩线重叠一定量，后中心线由 BNP 向外延长 1cm 至 A 点，肩线 SNP 处向外取 0.5cm 至 B 点，分别自 A 点、B 点在后中心线、肩线上取 (m_b + n_b)。根据效果图确定领前部造型，将外轮廓线画顺（见图 3-73）。

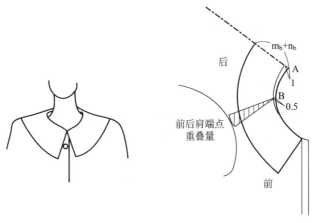

▲图 3-73　简易作图法

制作盆领时，若直接将前后片纸样的肩线重合而不重叠，所形成的衣领无领座，领面漂浮，且装领线容易露出，影响外形美观。当前后片纸样肩端点重叠后，领下口线曲率比实际领窝曲率偏直，使领子外围向颈部拱起，造成装领线内移，造型美观。

这种重叠衣片肩缝的简易作图法，是利用前后身肩部重叠量的大小来把握领下口线曲率。前后肩缝重叠量越大，领下口线曲率越小，领圈拱起的幅度越大，这就意味着衣领的领座高度增加，反之衣领领座高度减小。

（3）配伍法

① 翻折线前端是直线形。作出领围大为 N 的基础领窝，根据 m_b、n_b 作领后部外轮廓线，量出领后部外轮廓线和基础领窝的长度差 (△－○)［见图 3-74(a)］。

在肩线延长线上 SNP 外 $0.7n_b$ 处确定翻折基点 A，根据效果图在前止口线上确定翻折止点 P，连 A 点、P 点成直线形翻折线，画出领前部外轮廓造型［见图 3-74(b)］。

以翻折线为轴，将领前部造型对称到翻折线另一边，B 点到 B′点，AB′为翻领宽 m_b。延长串口线，交过 SNP 与翻折线平行的直线于 O，形成实际领窝线。延长 B′A 到 E，修正 E 点，使 EB′ = m_b + n_b，EO = 前实际领窝弧长 SNP～O，连 E、O 点。沿 E 点旋转拉展 EB′至 EB″，拉展量是 (△－○＋材料影响值)。作矩形 B″CDE，DE＝后领窝弧长－x（一般情况下 x 值根据 α_b 的大小而定，当 α_b＝90°时，x＝0.5～1cm；当 α_b＞90°时，x＝1～2cm）。画顺领外轮廓线［见图 3-74(c)］。

② 翻折线前端部分是圆弧形、部分是直线形。作出领围大为 N 的基础领窝，根据 m_b、n_b 作领后部外轮廓线，量出领后部外轮廓线和基础领窝的长度差 (△－○)［见图 3-75(a)］。

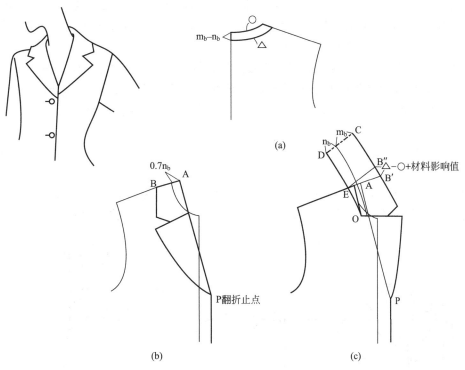

(a)

(b)

(c)

▲图 3-74　翻折线前端是直线形

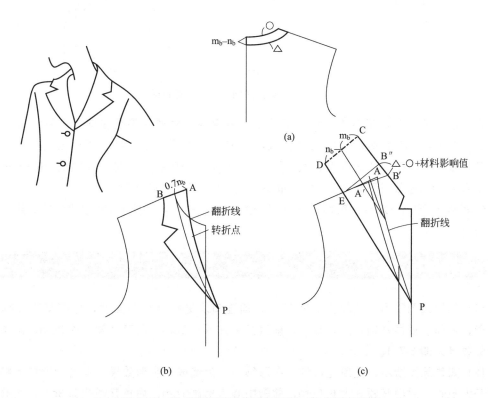

(a)

(b)

(c)

▲图 3-75　翻折线前端部分是圆弧形、部分是直线形

在肩线延长线上 SNP 外 $0.7n_b$ 处确定翻折基点 A，根据效果图在前止口线上确定翻折止点 P，连 SNP、P 点成实际领窝弧线，连 A、P 点成部分是圆弧、部分是直线形的翻折线，画出领前部外轮廓造型［见图 3-75(b)］。

将翻折线直线部分延长至肩，以该直线为轴，将领前部造型对称到轴的另一边，B 点对称到 B′点，基点 A 对称到点 A′。延长 B′A′至 E 点，修正 E 点，使 EB′＝$m_b＋n_b$，E～P 的弧长等于前实际领窝 SNP～P 的弧长。沿 E 点旋转拉展 EB′至 EB″，拉展量是（△－○＋材料影响值）。

作矩形 B″CDE，DE＝后领窝弧长－x（x 值根据 α_b 的大小而定）。画顺领外轮廓线［见图 3-75(c)］。

③ 翻折线前端部分是圆弧形。作出领围大为 N 的基础领窝，根据 m_b、n_b 作领后部外轮廓线，量出领后部外轮廓线和基础领窝的长度差（△－○）［见图 3-76（a）］。

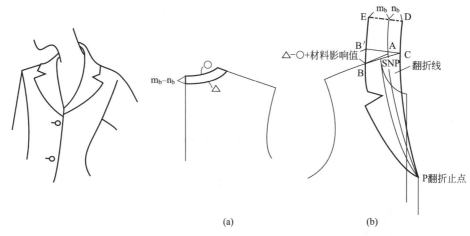

(a)　　　　　　　　　　　　(b)

▲图 3-76　翻折线前端部分是圆弧形

在肩线延长线上 SNP 外 $0.7n_b$ 处确定翻折基点 A，根据效果图在前止口线上确定翻折止点 P，连 SNP、P 点成实际领窝弧线，连 A、P 点成圆弧形翻折线，画出领前部外轮廓造型。延长 BA 至 C 点。修正 C 点，使 BC＝$m_b＋n_b$，C～P 的弧长等于前领窝 SNP～P 的弧长。沿 C 点旋转拉展 BC 至 B′C，拉展量是（△－○＋材料影响值）。

作矩形 B′CDE，CD＝后领窝弧长－x（x 值根据 α_b 的大小而定）。画顺领外轮廓线［见图 3-76(b)］。

五、衣领结构设计

(1) 如效果图所示，该领型形似 U 字，前连口。进行结构制图时，先在基础纸样上设计领形，将前、后横开领开大 3.5cm，前直开领开深 6.5cm，后直开领开深 2cm，画顺前后领窝弧线（见图 3-77）。

(2) 如效果图所示，是前连口的一字形领型。为造成一字形效果，在基础纸样上将前横开领开大 6cm，后横开领开大 6.5cm，前领中心点抬高 1cm，后直开领开深 3cm，画顺前后领窝弧线（见图 3-78）。

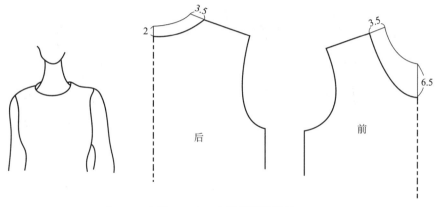

▲图 3-77　U 字形领型的设计

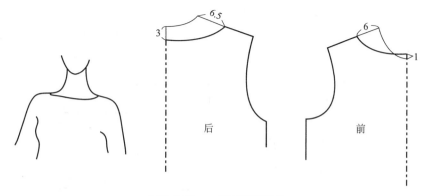

▲图 3-78　一字形领型设计

（3）如效果图所示，是前连口的 V 字形领型。在基础纸样上设计领形，将前、后横开领开大 1.5cm，前直开领开深 10cm，后直开领开深 2cm，画顺前后领窝弧线（见图 3-79）。

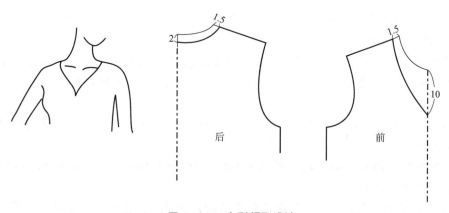

▲图 3-79　V 字形领型设计

（4）如效果图所示，是前开口的五角形领型。在基础纸样上设计领形，前、后横开领开大 0.5cm，前直开领开深 8cm，后直开领开深 0.5cm，前中心线处放出叠门量后作出前领口造型，画顺前后领窝弧线（见图 3-80）。

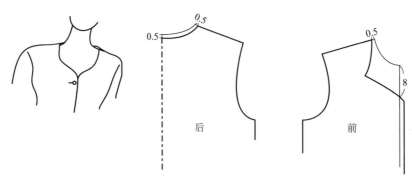

▲图 3-80 五角形领型设计

(5) 如效果图所示，是一锥形叠门立领，N = 38cm，n_b = 4cm，n_f = 3.5cm（见图 3-81）。

① 可用几何作图法。作矩形，长 = N/2 + 叠门量，宽 = n_b = 4cm［见图 3-81(a)］。

② 作出领的前起翘量 = 2cm，n_f = 3.5cm，画出领前部造型。画顺领外轮廓线，完成结构制图［见图 3-81(b)］。

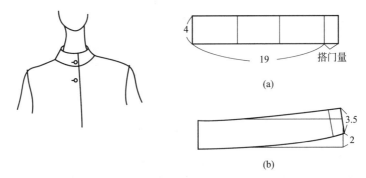

▲图 3-81 锥形叠门立领设计

(6) 如效果图所示，是荷叶形的领，领子的波纹有一定的规则，下垂呈瀑布形，造型活泼美观，后领宽 = 10cm。

这是利用前后身衣片肩部重叠和拉展的方法制成的。在盘领制图的基础上，在领口画出领形，为使领口变得更松、褶量比较均匀，可分成等份画出拉展褶量的位置［见图 3-82(a)］。

沿辅助线拉展褶量，每份放出的量相等，一般 5～6cm，这样就可以达到预期的效果［见图 3-82(b)］。

(7) 如效果图所示，翻立领领围 N = 40cm，m_b = 4.5cm，n_b = 3.2cm，m_f = 6.5cm，n_f = 2.5cm（见图 3-83）。

① 根据效果图，用配伍法作领座前部造型和领座结构，使领座下口线 = 实际领窝长 + 0.3cm，领上口线 = N/2 + 叠门量［见图 3-83(a)］。

② 作长方形，长 = N/2 + 0.4cm，宽 = m_b = 4.5cm。将矩形四等分，在翻领侧后部两等分点剪切拉展，分别加入 0.6 × (4.5 − 3.2)cm 的松量，由于领上口线前部造型为直线形，领前部加放量为 0［见图 3-83(b)］。按效果图作出翻领前部造型，画顺领外轮廓线。

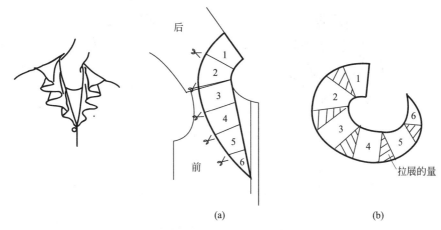

▲图 3-82　荷叶领设计

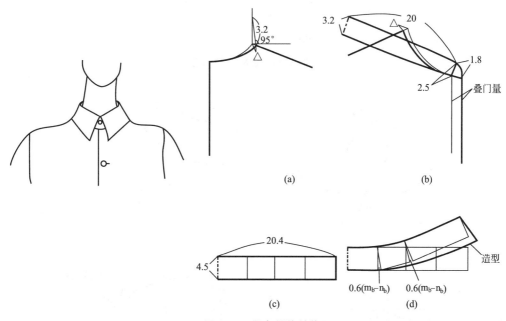

▲图 3-83　翻立领的结构

（8）如效果图所示，翻立领领围 N = 40cm，m_b = 6.0cm，n_b = 4cm，m_f = 13.5cm，n_f = 3cm（见图 3-84）。

① 根据衣领造型作出实际领窝弧线，量出领窝弧线长△＋○[见图 3-84（a）、（b）]。

② 以长＝△＋○，宽＝n_b 作矩形，领前部起翘量是 2cm，根据效果图画好领座前部造型。

在领座后中向上量取翻领倒伏量 5cm，作长＝N/2－1.0cm，宽＝m_b＝6.0cm 的矩形。

倒伏量的大小依据领座前部造型而定（领上口线前部造型为圆弧形时，倒伏量大；领上口线前部造型为直线形时，倒伏量相对较小）。

③ 作出翻领上口线，检查翻领上口线长＝N/2＋0.5cm。根据效果图，作出翻领前部造

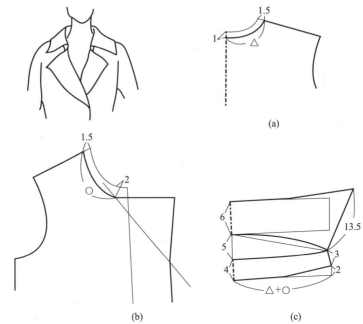

▲图 3-84 连翻立领结构

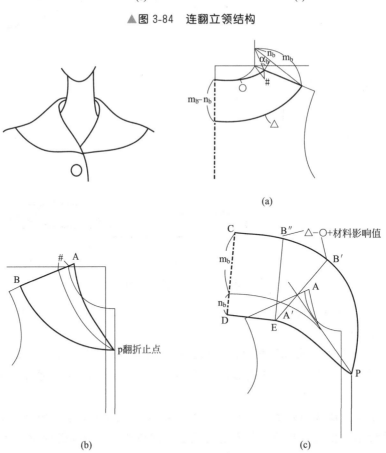

▲图 3-85 翻立领设计

型，$m_f = 14cm$，画顺翻领外轮廓线［见图 3-84（c）］。

（9）如效果图所示，翻立领领围 N = 42cm，$m_b = 14cm$，$n_b = 6cm$（见图 3-85）。

① 作出领围大为 42cm 的基础领窝，根据效果图作出实际领窝线，由 m_b、n_b 作领后部外轮廓线，确定领窝宽开大量♯，量出领后部外轮廓线和基础领窝的长度差（△ − ○）［见图 3-85（a）］。

② 作出领前部外轮廓造型。在肩线延长线上 SNP 外 $0.7n_b$ 处确定翻折基点 A，根据效果图在前止口线上确定翻折止点 P，连 A 点、P 点成部分是圆弧、部分是直线形的翻折线，画出领前部外轮廓造型［见图 3-85（b）］。

③ 将翻折线直线部分延长至肩，以该直线为轴，将领前部造型对称到轴的另一边，基点 A 的对称点是点 A′，点 B 的对称点是点 B′，延长 B′A′ 至 E 点，使 $A'E = n_b$。修正 E 点，使 $EB' = m_b + n_b$，E~P 的弧长等于前领窝 SNP~P 的弧长。

④ 沿 E 点旋转拉展 EB′ 至 EB″，拉展量是（△ − ○ + 材料影响值）。作矩形 B″CDE，DE = 后领窝弧长 − 1cm。画顺领外轮廓线［见图 3-85（c）］。

第三节　衣袖结构

在整个服装造型中，袖子占据着重要的地位，即使是一个小小的袖口也可以作出各式各样的变化，而整个袖子的造型又和衣身、领子的造型相协调，同时它的结构又比衣身、门襟、领子等其他部位要复杂得多。

一、衣袖结构种类

衣袖从基本结构上大致可以划分为：圆袖、连身袖、插肩袖和落肩袖四类（见图 3-86）。

（1）圆袖　袖山形状为圆弧状，与袖笼缝合组装成衣袖。例如，衬衫袖、西装袖等（见图 3-86）。

（2）连身袖　袖子与衣身连接在一起而形成的衣身结构。例如，常见的中式袖等（见图 3-86）。

（3）插肩袖　袖子占据衣身的一部分，在连身袖的基础上进行的分割组合。按照分割的

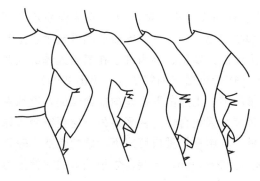

▲图 3-86　按衣袖的基本结构分类

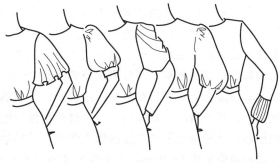

▲图 3-87　按衣袖的变化结构分类

面积可以分成半插肩袖、整插肩袖、覆肩袖等（见图3-86）。

（4）落肩袖　衣身的肩线占据袖子的一部分（见图3-86）。

在袖子的结构中可以运用分割、抽褶、收省等手法，即形成丰富多彩的变化结构。例如泡泡袖、波浪袖等（见图3-87）。

二、袖身与人体体型特征的关系

1. 袖山高

在整个的袖子结构设计中，袖山高的造型原理是非常关键的。下面举一个例子来说明，在基本的袖子纸样的基础上改变袖山高的数值，如果不考虑穿着问题的话，会发现袖山高越高，袖子越瘦，袖山高越低，袖子越肥（见图3-88）。因此，袖山高制约着袖子的肥瘦，就像一个烟筒的弯管一样，袖山高越高，弯筒的内夹角就越小；袖山高越小，内夹角越大（见图3-89）。因此在设计中，一般比较庄重的制服、礼服、工装等不宜做大活动量的服装适合袖山较高的设计，而活动量较大的便装适宜袖山较低的设计。

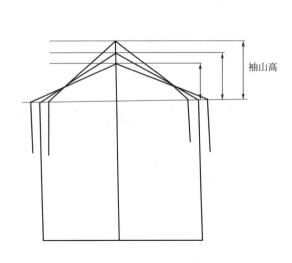

▲图3-88　袖山与袖肥的关系

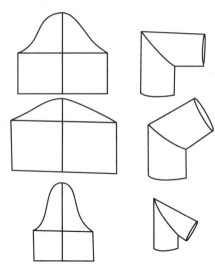

▲图3-89　袖山与内夹角的关系

在了解了袖山高的基本原理以后，同样要考虑它的实用性，虽然以上的结构都是合理的，但不一定都符合穿用的要求，如果一味地增加袖山高，就会引起穿脱的困难或者直接就无法穿着。因此在做袖子之前一定不要忘记测量人体的大臂围，因为袖子在覆盖人体的同时还应具备一定的松量，一般要比净臂围大3～5cm，以保证适当的舒适性（见图3-90）。

其次因为人体在自然放松、手臂自然下垂的情况下，上肢的形态是向前微倾的，过肩点做垂线，可以看出过袖轴线以下手臂向前倾斜的角度，因此合体的袖形首先一定要符合人体的形态，过袖轴线于袖中线的焦点做袖口的前偏量，其中直袖袖口可以不考虑前偏量，较直袖口的前偏量为1～2cm，女装合体袖袖口的前偏量为2～3cm，男装合体袖袖口的前偏量为3～4cm（见图3-91）。

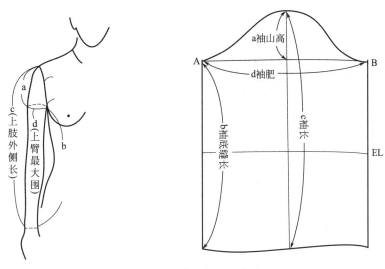

▲图 3-90　臂围与袖肥的关系

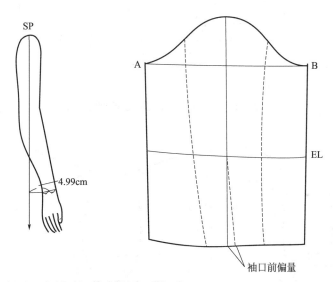

▲图 3-91　手臂向前倾斜的角度与袖口的前偏量

2. 袖窿

为实用起见，以胸围 B 在 90～110cm 区间内，可以得出袖山高和袖肥的近似公式。

表 3-2　袖山高与袖肥的关系

服装类型	袖山高	袖　　肥	服装类型	袖山高	袖　　肥
宽松风格	0～9cm	AH/2－0.2B＋3cm	较贴体风格	13～17cm	0.2B＋1cm～0.2B－1cm
较宽松风格	9～13cm	0.2B＋3～0.2B＋1cm	贴体风格	17cm～	0.2B－1～0.2B－3cm

在了解了袖山高与袖肥的关系（见表 3-2）的同时，特别要处理好与袖窿开深度的关系，这样才能达到较为理想的造型要求。因为，当袖山高接近最大值时，袖子和衣身呈现较贴体的状态，此时的袖窿也接近于人体的基本袖窿，是袖与身构成一个整体，外观上也不会

形成很多余量而影响外观，如果袖山高很高，袖窿再挖深，这种袖子在手臂上抬时会很受限制，而且也会产生很多余量在腋下，产生不舒服的感觉（见图3-92）。同样的道理，如果袖山高很低而袖窿却很浅的话，也会造成结构上的不适，因此合理的搭配是做好袖子的关键。

总之，袖窿形状愈趋于细长，袖山高就越低，袖山曲线就越平缓；袖山高越高，袖窿形状就越接近于基本袖窿形状，袖山曲线就越明显。

以下把袖窿分成四种结构风格。

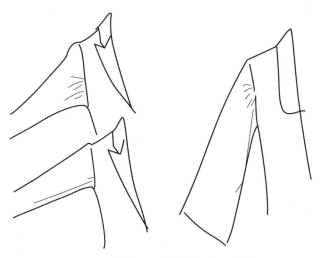

▲图3-92 袖窿开深度与袖子造型的关系

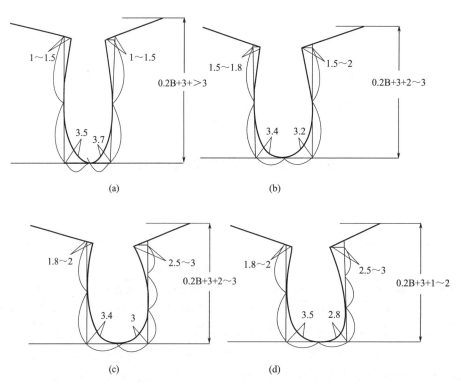

▲图3-93 袖隆的四种结构风格

（1）宽松风格结构　此类结构的袖窿深约为 0.2B＋3＋（＞3）cm，或取大于 2/3 前腰节。因为这种宽松的结构已经远离人体的基本胸宽线，因此和原型上的袖窿线的形状已经不能成为相似形了，而且挖得越深，袖窿的形状越细长。它的前后冲肩量为 1～1.5cm，前后袖窿底部的凹量为 3.5～3.7cm［见图 3-93(a)］。

（2）较宽松风格结构　此类结构的袖窿深约为 0.2B＋3＋（2～3）cm，或取 2/3 前腰节。这种结构可以与原身袖窿画成相似形。它的前冲肩量为 1.5～2cm，后冲肩量为 1.5～1.8cm，前后袖窿底部的凹量为 3.2cm、3.4cm［见图 3-93(b)］。

（3）较贴体风格结构　此类结构的袖窿深约为 3/5 前腰节，约为 0.2B＋3＋（2～3）cm。它的前冲肩量为 2.5～3cm，后冲肩量为 1.8～2cm，前后袖窿底部的凹量为 3cm、3.4cm［见图 3-93(c)］。

（4）贴体风格结构　此类结构的袖窿深约为 ≤3/5 前腰节，约为 0.2B＋3＋（1～2）cm。它的前冲肩量为 2.5～3cm，后冲肩量为 1.8～2cm，前后袖窿底部的凹量为 2.8cm、3.5cm［见图 3-93(d)］。

3. 袖山

袖山部位的结构应该与袖笼结构相配，以袖山折叠以后形成的形状来分析其结构风格。

（1）宽松型

方法一：此类袖型的袖山高为 0～9cm，袖肥为 AH/2～0.2B＋3cm，袖山斜线长为 AH/2＋总吃势/7＝AH/2＋(1～2cm)/7。前后袖山点分别位于 1/2 袖山高的位置。其形状呈扁平状［见图 3-94(a)］。

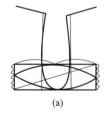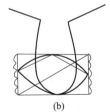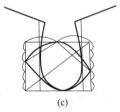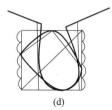

| (a) | (b) | (c) | (d) |

▲图 3-94　袖山与袖笼结构搭配的方法一

方法二：把前后肩端点连接，取其中点做袖窿垂线，并将其分成五等份，在二等份上取袖山高，前袖山斜线＝前 AH＋缝缩量－1.3cm，后袖山斜线＝后 AH＋缝缩量－1cm，来确定袖肥［见图 3-95(a)］。

（2）较宽松型

方法一：此类袖型的袖山高为 9～13cm，袖肥为 0.2B＋1～0.2B＋3cm，袖山斜线长为AH/2＋总吃势/7＝AH/2＋(2～2.5cm)/7。前袖山点在 1/2 袖山高向下 0.4cm 处，后袖山点在 1/2 袖山高向上 0.4cm 处，其形状呈扁圆状［见图 3-94(b)］。

方法二：把前后肩端点连接，取其中点做袖窿垂线，并将其分成五等份，在三等份上取袖山高，前袖山斜线＝前 AH＋缝缩量－1.3cm，后袖山斜线＝后 AH＋缝缩量－1cm，来确定袖肥［见图 3-95(b)］。

（3）较贴体型

方法一：此类袖型的袖山高为 13～17cm，袖肥为 0.2B＋1cm～0.2B－1cm，袖山斜线

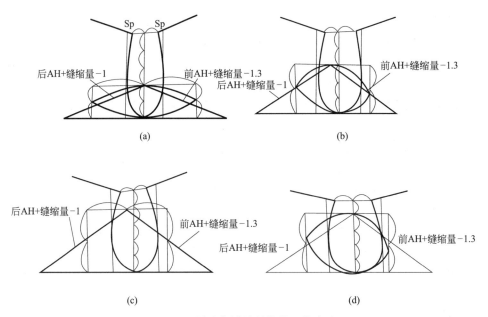

▲图 3-95　袖山与袖笼结构搭配的方法二

长为 AH/2 + 总吃势/7 = AH/2 + (2.5～3cm)/7。前袖山点在 1/2 袖山高向下 0.6cm～2/5 袖山高的位置，后袖山点在 1/2 袖山高向上 0.8cm～3/5 袖山高的位置，其形状呈杏圆状［见图 3-94(c)］。

　　方法二：把前后肩端点连接，取其中点做袖窿垂线，并将其分成五等份，在四等份前后上取袖山高，前袖山斜线 = 前 AH + 缝缩量 − 1.3cm，后袖山斜线 = 后 AH + 缝缩量 − 1cm，来确定袖肥［见图 3-95(c)］。

　　(4) 贴体型

　　方法一：此类袖型的袖山高约为 17cm 以上，袖肥为 0.2B − 1cm～0.2B − 3cm，袖山斜线长为 AH/2 + 总吃势/7 = AH/2 + (3～3.5cm)/7。前袖山点在 2/5 袖山高的位置，后袖山点在 3/5 袖山高的位置，其形状呈圆状［见图 3-94(d)］。

　　方法二：把前后肩端点连接，取其中点做袖窿垂线，并将其分成五等份，在接近五等份的位置上取袖山高，前袖山斜线 = 前 AH + 缝缩量 − 1.3cm，后袖山斜线 = 后 AH + 缝缩量 − 1cm，来确定袖肥［见图 3-95(d)］。

4. 缝缩量

　　缝缩量其实就是衣身袖窿与袖山的数值上的配比。一方面受面料厚薄的影响，一方面受风格结构的影响。一般来说，薄型材料、宽松风格的袖山缝缩量应为 0～1.5cm，较厚材料、较贴体风格的袖山缝缩量应为 2～3cm，较厚材料、贴体风格的袖山缝缩量应为 3.5～4.5cm。

　　缝缩量的分配要求技术性较强，其分配规律各不相同，缝缩量的大小和部位也不一样，具体如图 3-96 所示。

　　(1) 宽松型衣袖　袖山缝缩量为 0～1cm，前后袖山缝缩量的分配为，前袖山 50%，后袖山 50%［见图 3-96(a)］。

　　(2) 较宽松型衣袖　袖山缝缩量为 1～2cm，袖山缝缩量的分配为，前袖山 47%，后袖

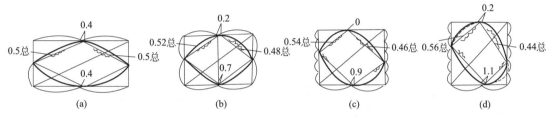

▲图 3-96　缝缩量的数值配比

山 53%［见图 3-96(b)］。

(3) 较贴体衣袖　袖山缝缩量为 2～3cm，袖山缝缩量的分配为，前袖山 46%，后袖山 54%［见图 3-96(c)］。

(4) 贴体衣袖　袖山缝缩量为 3～3.5cm，袖山缝缩量的分配为，前袖山 44%，后袖山 56%［见图 3-96(d)］。

三、圆袖结构

圆袖包括我们常见的一片袖，如衬衫袖等，也包括由一片袖转化而成的两片袖，如西装袖等，其次通过加褶、抽褶等形式也会变化出新的款式造型来，如泡泡袖等。

(1) 普通一片袖制图　可以用原型的方法制图。在袖原形的基础上按照款式造型来调整袖山高，同时按照袖口肥度来确定袖口的大小（见图 3-97）。

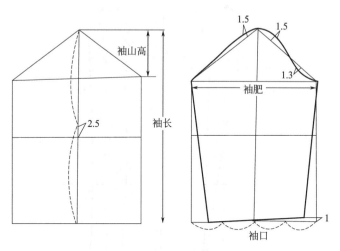

▲图 3-97　普通一片袖制图

(2) 合体一片袖制图　用原型的方法制图，在袖原形的基础上按照款式造型来调整袖山高，同时画出袖口前偏量，定出袖口的尺寸，然后连接前后袖缝，根据前后袖缝的差画出肘省（见图 3-98）。

(3) 合体两片袖制图　其制图过程如下。

① 首先根据袖窿的风格来确定袖山高，然后确定袖长，按前后袖山斜线长来确定袖肥，再根据袖长/2＋2.5cm 的尺寸定袖肘线，同时确定袖口前偏量。

② 前后肩端点连线的中点做竖直线，然后依次按配比定点，画出大小袖的前袖缝。

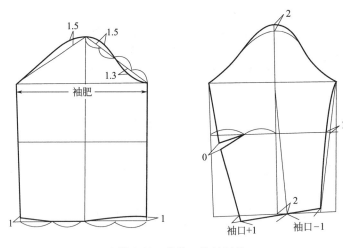

▲ 图 3-98　合体一片袖结构

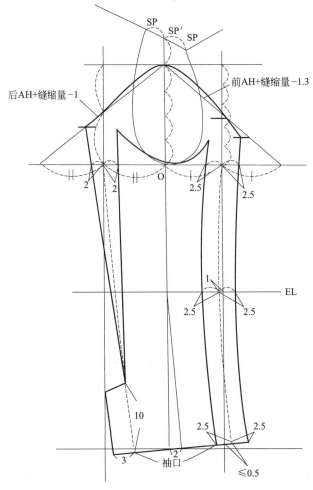

▲ 图 3-99　合体两片袖结构

③ 定出袖口，画顺大小袖的后袖缝（见图 3-99）。

四、连袖结构

连袖是衣身与袖片相连接的袖型，按照其合体程度可以分为宽松型、较宽松型、较贴体型和贴体型四种。我们在做连袖制图的时候，可以使用现今国际上通用的制图方法，即过肩点做长宽各为 10cm 的等腰直角三角形，然后把三角形的底边分为两份，在中点与肩点连接形成的袖型为较贴体型，中点向上作的各类连接是渐为宽松型，中点向下做的连接是渐为贴体型。

（1）宽松型连袖　制图如下：过领点做水平横线，确定袖口后，与侧缝画顺。此类袖型穿着宽松舒适，但下垂后有大量褶皱（见图 3-100）。

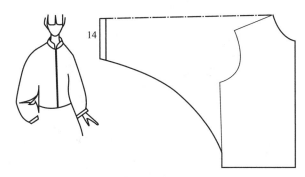

图 3-100　宽松型连袖结构

（2）较宽松型连袖　制图如下：

① 做长为 10cm 的等腰直角三角形，将底边分成三份，过第一等分点与肩点相连，画出袖长。

② 定袖口，画顺袖底缝（见图 3-101）。

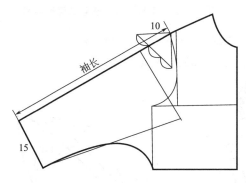

图 3-101　较宽松型连袖结构

（3）较贴体型加袖插式连袖　此类袖型在穿着后不会形成很多的褶皱，因为加了袖插，满足了活动量的需要（见图 3-102）。

五、插肩袖结构

插肩袖是袖子占据身的一部分，其插肩的位置可以在肩线上，也可以在领窝上，也可以

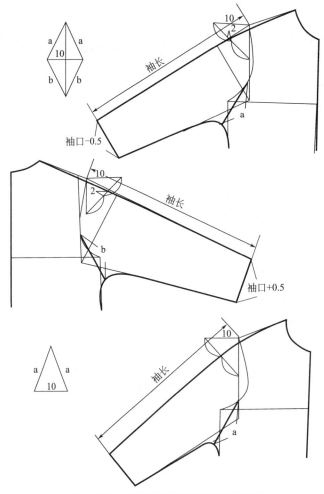

▲图 3-102　较贴体型加袖插式连袖结构

占据整个后身的一部分，其制图的方法和连袖很相似。

（1）半插肩袖制图（见图 3-103）　制图如下：

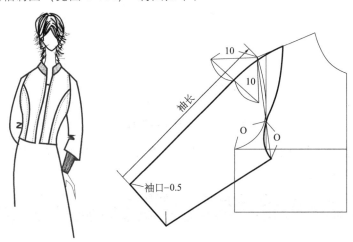

▲图 3-103　半插肩袖结构

① 做长为 10cm 的等腰直角三角形，将底边分成两份，过中点与肩点相连，确定袖长。

② 定袖口的尺寸，画出插肩袖的位置，过肩点画线与袖窿交于一点，过此点做与袖窿长度相等、方向相反的弧线，来确定袖肥。

③ 画顺袖底缝。

（2）插肩袖制图（见图 3-104） 制图如下：

① 做长为 10cm 的等腰直角三角形，将底边分成两份，中点向上 1cm 与肩点连接，确定袖长。

② 定袖口的尺寸，画出插肩袖的位置，过肩点画线与袖窿交于一点，过此点做与袖窿长度相等、方向相反的弧线，来确定袖肥。

③ 画顺袖底缝。

④ 后片是在中点向上 1.5cm 的位置上与肩点相连形成袖长，其他制图过程如前片。

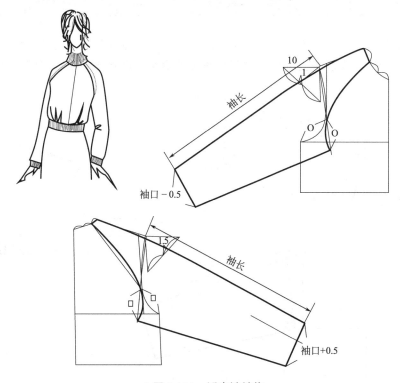

▲图 3-104　插肩袖结构

（3）覆肩型插肩袖（见图 3-105） 制图如下：

① 做长为 10cm 的等腰直角三角形，将底边分成两份，中点向上 1cm 与肩点连接，确定袖长。

② 定袖口的尺寸，画出覆肩和插肩的位置，过肩点画线与袖窿交于一点，过此点做与袖窿长度相等、方向相反的弧线，来确定袖肥。

③ 画顺袖底缝。

④ 后片是在中点向上 1cm 的位置上与肩点相连形成袖长，其他制图过程如前片。

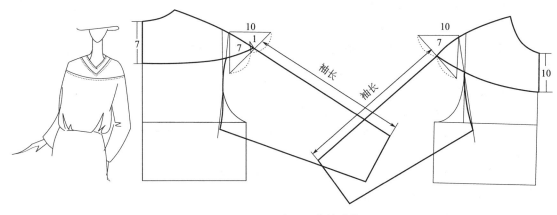

▲图 3-105　覆肩型插肩袖结构

六、落肩袖结构

普通落肩袖制图如下：延长肩线，画出原袖长，按照设计要求定出落肩量即可。或按照普通一片袖的画法，定出袖山高后，按原袖长减落肩量的尺寸定袖长（见图 3-106）。

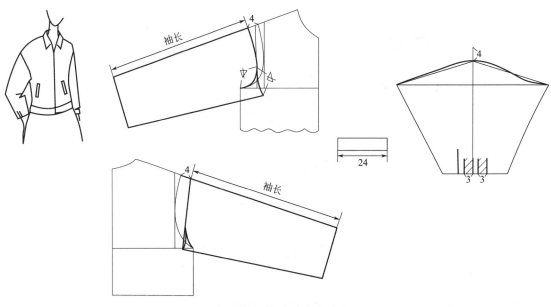

▲图 3-106　普通落肩袖结构

七、衣袖结构设计

（1）普通衬衫袖（见图 3-107）　制图如下：

① 按袖窿的风格确定袖山高，按前后袖窿的长度定前后袖山斜线，确定袖肥。

② 以袖口尺寸加褶量来定袖口的长度。

③ 画出袖头。

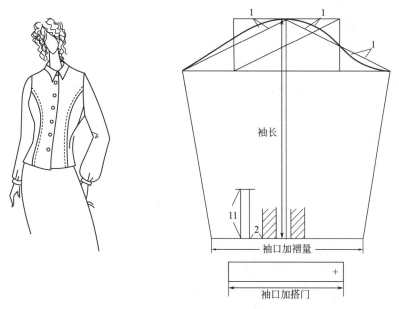

▲图 3-107　普通衬衫袖结构

（2）泡泡袖（见图 3-108）　制图如下：

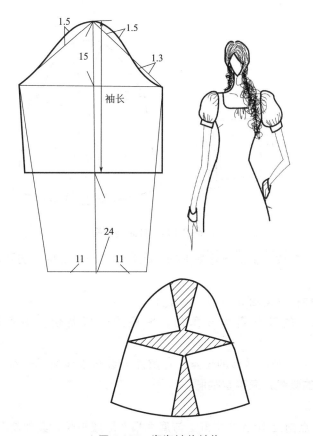

▲图 3-108　泡泡袖的结构

① 按袖窿的风格确定袖山高，按前后袖窿的长度定前后袖山斜线，确定袖肥。

② 定袖长，定袖口，画出基本袖。

③ 在基本袖的基础上作切展图，放出褶量，即可形成此袖。

（3）灯笼袖（见图3-109） 制图如下：

① 按袖窿的风格确定袖山高，按前后袖窿的长度定前后袖山斜线，确定袖肥。

② 按设计的要求定出灯笼袖的长度和袖头的长度。

③ 在基本袖的基础上作切展放出褶量，即可形成此袖。

④ 画出袖头。

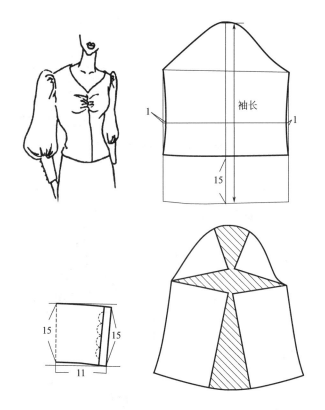

▲图3-109　灯笼袖结构

（4）喇叭袖 首先按照要求画好基本袖，在设计喇叭的部位作切展，放出展量，即可完成（见图3-110）。

（5）大过肩式插袖（见图3-111） 制图如下：

① 做长为10cm的等腰直角三角形，将底边分成两份，中点与肩点连接，确定袖长。

② 定袖口的尺寸，画出插肩的位置，过肩点画线与袖窿交于一点，过此点做与袖窿长度相等、方向相反的弧线，来确定袖肥。

③ 画顺袖底缝。

④ 后片是在中点向上1cm的位置上与肩点相连形成袖长，其他制图过程如前片。

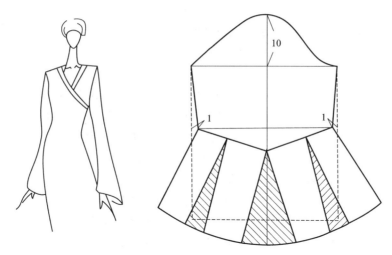

▲图 3-110　喇叭袖结构

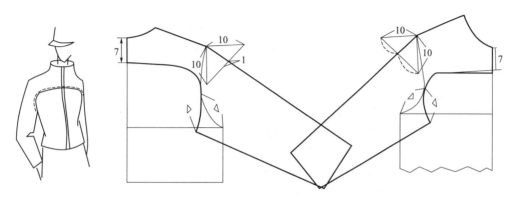

▲图 3-111　大过肩式插袖结构

第四节　女装整体结构制图

女装结构主要是分析衣身的平衡，衣领和衣袖的结构制图方法，下面用具体的实例来说明。

一、女装基本测量部位

女装的有些测量部位可以在人体上直接获得，比如说：衣长的尺寸，胸围的尺寸，腰节的尺寸，袖长的尺寸等一些非常直观的数据，而在实际的大工业生产中，则更多地以身高和净胸围为参照物，按照一定的公式进行数值的设计。基本公式如下：

$$L(衣长) = \begin{cases} 0.4h + a (短上衣) \\ 0.5h + a (中长上衣) \\ 0.6h + a (长上衣) \end{cases} (a 为常数，按具体要求增减)$$

$$WLL(腰节) = 0.2h + 9cm \pm b (b 为常数，按具体要求增减)$$

$$SL(袖长) = 0.3h + \begin{cases} (7 \sim 8)cm(夏) + 垫肩厚 \\ (9 \sim 10)cm(秋) + 垫肩厚 \\ 11cm(冬) + 垫肩厚 \end{cases}$$

$$B(胸围) = B^* + 内衣厚度 + \begin{cases} 女装 & 男装 \\ 0 \sim 10cm & 0 \sim 12cm(贴体风格) \\ 10 \sim 15cm & 12 \sim 18cm(较贴体风格) \\ 15 \sim 20cm & 18 \sim 25cm(较宽松风格) \\ 20cm \sim & 25cm(宽松风格) \end{cases}$$

$$N(领围) = 0.25(B^* + 内衣厚度) + (15 \sim 25)cm$$

$$S(肩宽) = 0.3B + (12 \sim 13)cm(女装), (13 \sim 14)cm(男装)$$

$$CW(袖口宽) = 0.1(B^* + 内衣厚度) + \begin{cases} 0 \sim 2cm(紧袖口) \\ 5 \sim 6cm(较宽袖口) \\ 7cm \sim (宽袖口) \end{cases}$$

$$BLL(袖窿深) = 0.2B + 3cm + \begin{cases} 2 \sim 3cm(贴体、较贴体型) \\ 3 \sim 4cm(较宽松型) \\ 4cm \sim (宽松型) \end{cases}$$

$$W(腰围) = \begin{cases} B - (0 \sim 6)cm(宽腰) \\ B - (6 \sim 12)cm(稍收腰) \\ B - (12 \sim 18)cm(卡腰) \\ B - 18cm \sim (很卡腰) \end{cases}$$

$$H(臀围) = \begin{cases} B - 2cm \sim (T形) \\ B + (0 \sim 2)cm(H形) \\ B + 3cm \sim (A形) \end{cases}$$

二、衬衫类

(1) 圆摆衬衫（见图 3-112）

① 款式风格：衣身属较贴体风格，直身一片袖较宽松，翻立领，圆下摆，前后有过肩。

② 规格设计

选用号型：160/84A。

$$L = 0.4h + 4cm = 68cm$$

$$WLL = 0.2h + 9cm = 41cm$$

$$SL = 0.3h + 8cm = 56cm$$

$$B = B^* + 12 = 96cm$$

$$BLL = 0.2B + 3cm + 2cm = 24cm$$

$$N = 0.25B^* + 17 = 38cm$$

$$S = 0.3B + 10 = 39cm$$

③ 衣身结构平衡：前衣身前浮起余量 ＝ $(B^*/40 + 2cm) - 0.05(B - B^* - 12cm) = 4.1cm$，采用下放的方法消除 2cm，袖窿横向分割线消除 1cm，剩余的 1.1cm 放在袖窿中

处理，后浮余量 = (B*/40 − 0.5cm) − 0.02(B − B* − 12cm) = 1.6cm，在分割线上消除 1cm，余下的 0.6cm 放在袖窿中处理。

④ 衣袖结构制图：因袖子的造型为较宽松型，因此设计袖肥为 0.2B + 1cm，或直接量取前后袖窿的长度来确定袖山，袖山高为 10cm，袖身为直身一片袖。

⑤ 衣领结构制图：底领为立领结构，宽为 3.5cm，翻领的领宽为 4.5cm，领角为 7cm。

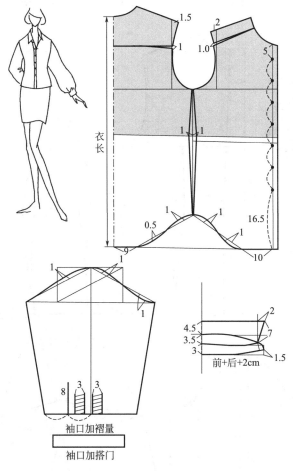

▲图 3-112　圆摆衬衫结构

（2）翻领灯笼袖式衬衫（见图 3-113）

① 款式风格：贴体风格衣身，翻领，前身有细褶，袖为泡泡式长袖，前后有腰省，直下摆。

② 规格设计

选用号型：160/84A。

$$L = 0.4h + 4cm = 68cm$$

$$WLL = 0.25h = 40cm$$

$$SL = 0.3h + 8cm = 56cm$$

$$B = B* + 8 = 92cm$$

$$BLL = 0.2B + 3cm + 2cm = 23cm$$

$$N = 0.25B* + 17 = 38cm$$

$$S = 0.3B + 10 = 38cm$$

③ 衣身结构平衡：前浮起余量 $= (B^*/40 + 2cm) - 0.05(B - B^* - 12cm) = 4.1cm$，采用下放和收省的形式消除，后浮余量在袖窿上消除 $1cm$，余下的 $0.6cm$ 放在肩线上去处理。

④ 衣袖结构制图：因袖子的造型为泡泡袖型，因此设计袖肥为 $0.2B + 1cm$，或直接量取前后袖窿的长度来确定袖山，袖山高为 $15cm$，作成一片袖的形式，然后进行切展。

⑤ 衣领结构制图：底领为立领结构，宽为 $3cm$，翻领的领宽为 $4.5cm$，领角为 $7cm$。

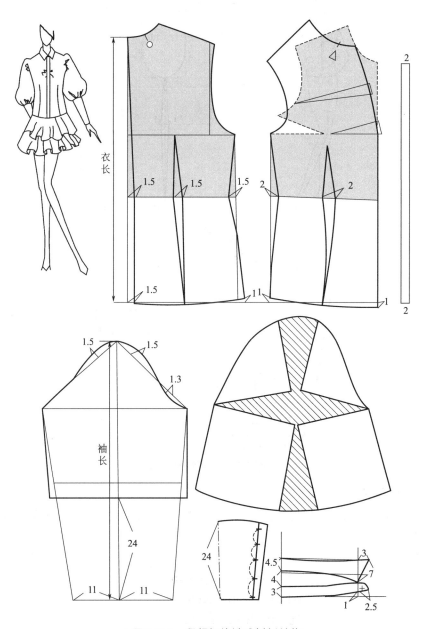

▲图 3-113　翻领灯笼袖式衬衫结构

（3）立领荷叶边式衬衫（见图 3-114）

① 款式风格：贴体风格衣身，单立领，前身有荷叶边装饰，袖为泡泡式长袖，前后腰

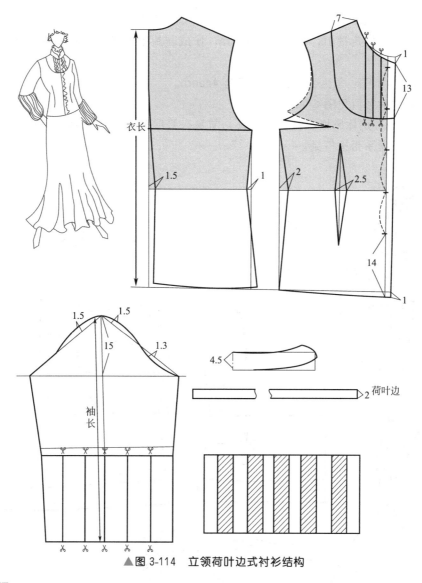

▲图 3-114　立领荷叶边式衬衫结构

省，直下摆。

　　② 规格设计

　　选用号型：160/84A。

$$L = 0.4h + 4cm = 68cm$$

$$WLL = 0.25h = 40cm$$

$$SL = 0.3h + 8cm = 56cm$$

$$B = B^* + 8 = 92cm$$

$$BLL = 0.2B + 3cm + 1cm = 23cm$$

$$N = 0.25B^* + 17 = 38cm$$

$$S = 0.3B + 10 = 38cm$$

　　③ 衣身结构平衡：前浮起余量 4.1cm，全部采用下放和收省的形式消除，后浮余量在袖窿上消除 1cm，余下的 0.6cm 放在肩线上去处理。

④ 衣袖结构制图：因袖子的造型为合体型，因此设计袖肥为 0.2B＋1cm，或直接量取前后袖窿的长度来确定袖山，袖山高为 15cm，作成一片袖的形式，然后在设计造型的部位进行切展。

⑤ 衣领结构制图：领为立领结构，宽为 4.5cm。

（4）变款式衬衫（见图 3-115）

① 款式风格：贴体风格衣身，翻立领，前身有弧线分割，并在胸部有褶皱装饰，袖为合体一片袖，下摆系带子打结。

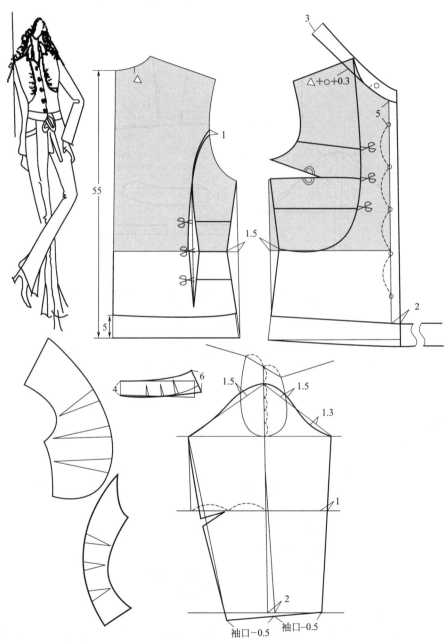

▲图 3-115 变款式衬衫结构

② 规格设计

选用号型：160/84A。

$$L = 0.4h - 9cm = 55cm$$

$$WLL = 0.25h = 40cm$$

$$SL = 0.3h + 8cm = 56cm$$

$$B = B^* + 8 = 92cm$$

$$BLL = 0.2B + 3cm + 1cm = 23cm$$

$$N = 0.25B^* + 17 = 38cm$$

$$S = 0.3B + 10 = 38cm$$

③ 衣身结构平衡：前浮起余量 4.1cm 全部用下放和收省的形式消除，后浮余量在袖窿上消除 1cm，余下的 0.6cm 放在肩线上去处理。

④ 衣袖结构制图：因袖子的造型为合体一片袖，采用袖山配比的方法做袖。

⑤ 衣领结构制图：底领为立领结构，宽为 3cm，翻领的领宽为 4cm，领角为 6cm。

三、连衣裙

（1）公主线式无领无袖较贴体风格连衣裙（见图 3-116）

① 款式风格：衣身属较贴体风格，前后有分割线，无领无袖，下摆较大。

② 规格设计

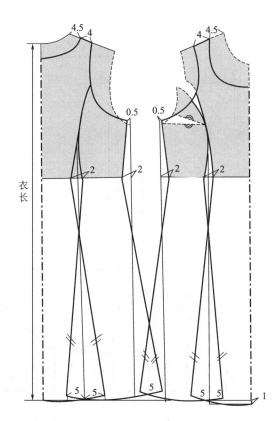

▲ 图 3-116　无领无袖较贴体风格连衣裙结构

选用号型：160/84A。

$$L = 0.6h + 4 = 100cm$$

$$WLL = 0.25h = 40cm$$

$$B = B^* + 6 = 90cm$$

$$BLL = 0.2B + 3cm + 1cm = 22cm$$

$$N = 0.25B^* + 21 = 42cm$$

$$S = 0.3B + 13 = 40cm$$

③ 衣身结构平衡：前衣身的前浮起余量 4.1cm，采用下放的方法消除 1cm，剩余的 2.5cm 放在分割线上收省，0.6cm 放在袖窿中处理，后浮余量 1.6cm，在分割线上消除 1cm，余下的 0.6cm 放在肩线上不去处理。

（2）较宽松风格连衣裙（见图 3-117）

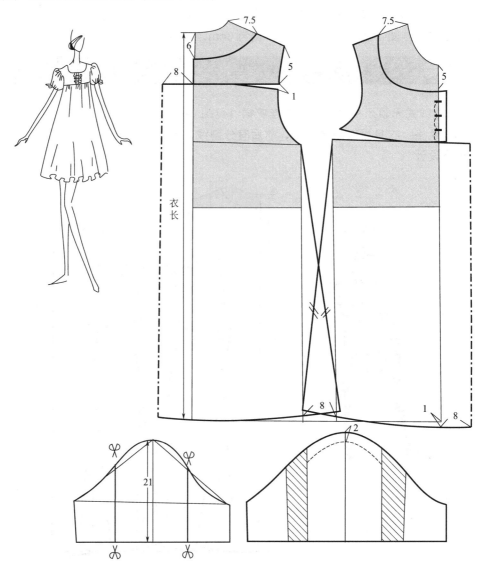

▲ 图 3-117　较宽松风格连衣裙结构

① 款式风格：衣身属较宽松风格，前后有褶裥，无领，泡泡短袖，下摆较大。

② 规格设计

选用号型：160/84A。

$$L = 0.6h + 10 = 106cm$$
$$WLL = 0.25h = 40cm$$
$$B = B^* + 10 = 94cm$$
$$BLL = 0.2B + 3cm + 2cm = 24cm$$
$$N = 0.25B^* + 17 = 38cm$$
$$S = 0.3B + 12 = 40cm$$

③ 衣身结构平衡：前浮起余量 4.1cm，采用下放的方法消除 1cm，剩余的 2.5cm 放在分割线上，0.6cm 放在袖窿中处理，后浮余量 1.6cm，在分割线上消除 1cm，余下的 0.6cm 放在袖窿中处理。

四、休闲装

(1) 带风帽式运动休闲衣（见图 3-118）

① 款式风格：衣身属宽松风格，宽松直身一片袖，袖口和底边有罗纹。

② 规格设计

选用号型：160/84A。

$$L = 0.4h + 4cm = 68cm$$
$$WLL = 0.25h = 40cm$$
$$SL = 0.3h + 8cm = 56cm$$
$$B = B^* + 内衣厚度 + 16 = 104cm$$
$$BLL = 0.2B + 3cm + 3cm = 27cm$$
$$N = 0.25(B^* + 内衣厚度) + 19cm = 41cm$$
$$S = 0.3B + 11 = 42cm$$
$$风帽长 = 33cm$$
$$帽宽 = 30cm$$

③ 衣身结构平衡：前浮起余量 $= (B^*/40 + 2cm) - 0.05(B - B^* - 12cm) = 4.1 - 0.4 = 3.7cm$，采用下放的方法消除 1.5cm，剩余的浮在衣身上，后浮余量 $= (B^*/40 - 0.5cm) - 0.02(B - B^* - 12cm) \approx 1.4cm$，肩线缝缩 0.8cm，余下的 0.6cm 放在袖窿中处理。

④ 衣袖结构制图：因袖子的造型为较宽松型，因此设计袖肥为 0.2B + 1cm，或直接量取前后袖窿的长度来确定袖山，袖山高为 8.5cm，袖身为直身一片袖。

⑤ 风帽结构制图：取风帽长为 33cm，风帽宽为 30cm 制图。

(2) 大翻领休闲短外套（见图 3-119）

① 款式风格：衣身属较宽松风格，翻驳领，插肩袖，前身有装饰贴口袋。

② 规格设计

选用号型：160/84A。

$$L = 0.4h = 64cm$$

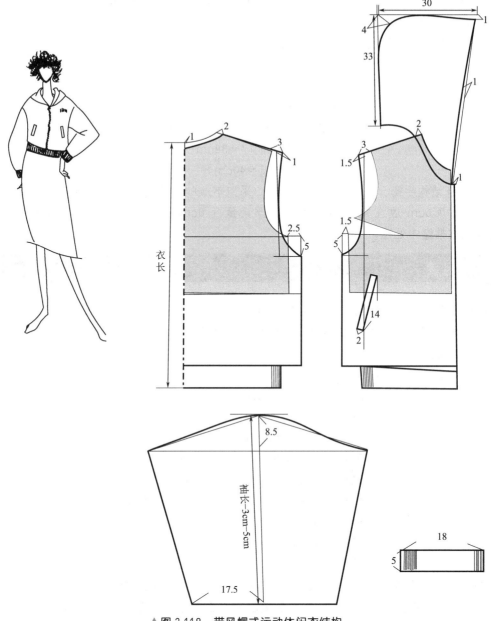

▲图 3-118　带风帽式运动休闲衣结构

WLL = 0. 25h = 40cm

SL = 0. 3h + 8cm = 56cm

B = B* + 内衣厚度 + 16 = 104cm

BLL = 0. 2B + 3cm + 3cm = 27cm

N = 0. 25(B* + 内衣厚度) + 20cm = 42cm

S = 0. 3B + 10 = 41cm

CW = 17cm

③ 衣身结构平衡：前浮起余量 = (B*/40 + 2cm) − 0. 05(B − B* − 12cm) = 3. 7cm，采

用下放的方法消除 1.5cm，剩余的浮在袖窿上。

④ 衣袖结构制图：衣袖采用插肩袖的制图方法。

⑤ 领子结构制图：衣领采用翻折领的制图方法。

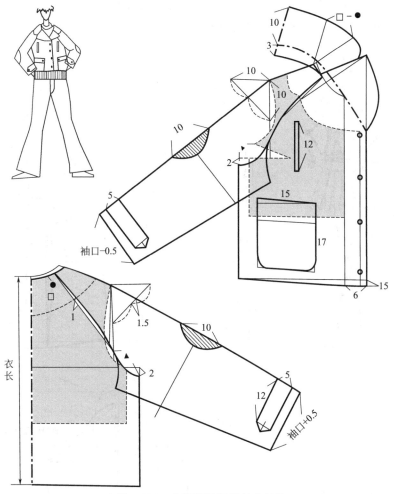

▲图 3-119　大翻领休闲短外套结构

（3）立领休闲短外套（见图 3-120）

① 款式风格：衣身属贴体风格，前下摆成圆弧状，一片袖，袖侧有另布做装饰，前身有装饰贴口袋，前身有两条分割线。

② 规格设计

选用号型：160/84A。

$$L = 0.4h - 9cm = 55cm$$

$$WLL = 0.25h = 40cm$$

$$SL = 0.3h + 8cm = 56cm$$

$$B = B^* + 8 = 92cm$$

$$BLL = 0.2B + 3cm + 3cm = 24cm$$

$$N = 0.25(B^* + 内衣厚度) + 15cm = 37cm$$

$$S = 0.3B + 10 = 38cm$$

③ 衣身结构平衡：前浮起余量 4.1cm，采用下放的方法消除 2cm，剩余的用收省的形式去除。

④ 衣袖结构制图：衣袖采用原型制图法或采用衣袖配比的形式。

⑤ 领子结构制图：衣领采用立领的制图方法。

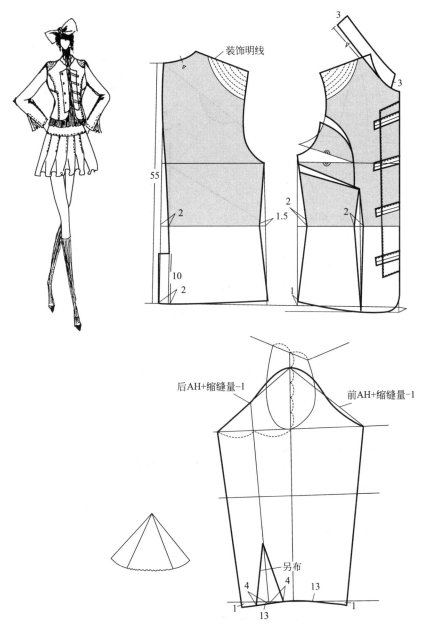

▲ 图 3-120　立领休闲短外套结构

（4）无领休闲短外套（见图 3-121）

① 款式风格：衣身属较贴体风格，前下摆成圆弧状且不系扣，合体一片袖，袖侧有开气，前身有两条分割线，并有分割褶皱装饰。

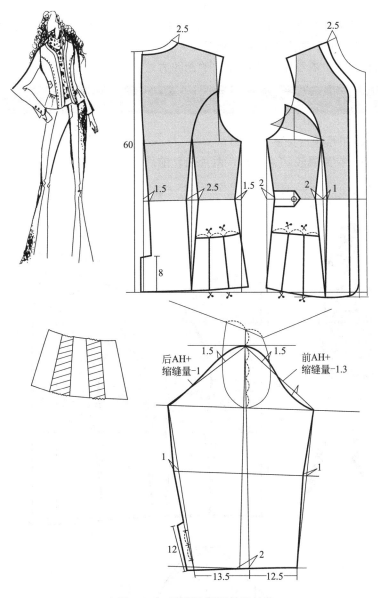

▲图 3-121 无领休闲短外套结构

② 规格设计

选用号型：160/84A。

$$L = 0.4h - 4cm = 60cm$$

$$WLL = 0.25h = 40cm$$

$$SL = 0.3h + 8cm = 56cm$$

$$B = B^* + 8 = 92cm$$

$$BLL = 0.2B + 3cm + 2cm = 24cm$$

$$N = 0.25(B^* + 内衣厚度) + 16cm = 39cm$$

$$S = 0.3B + 10 = 38cm$$

CW = 13cm

③ 衣身结构平衡：前浮起余量 = (B*/40 + 2cm) − 0.05(B − B* − 12cm) = 4.1cm，采用下放的方法消除2cm，剩余的在省中处理。

④ 衣袖结构制图：衣袖采用衣袖配比的制图方法。

五、西装

（1）双排四粒扣西装（见图3-122）

① 款式风格：衣身属较贴体风格，两片袖，前后身有分割线。

② 规格设计

选用号型：160/84A。

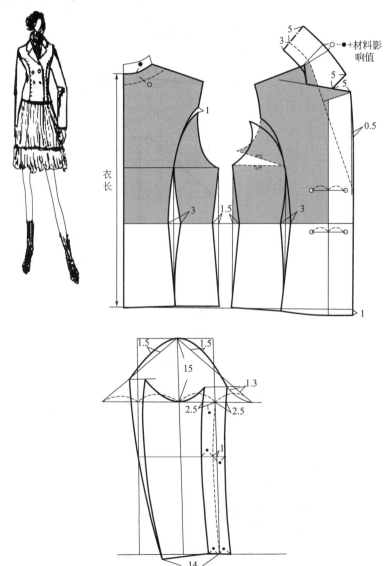

▲图 3-122　双排四粒扣西装结构

L = 0. 35h = 56cm

WLL = 0. 25h = 40cm

SL = 0. 3h + 9cm = 57cm

B = B* + 内衣厚度 + 8 = (84 + 4) + 8 = 96cm

BLL = 0. 2B + 3cm + 2cm = 24cm

N = 0. 25(B* + 内衣厚度) + 17cm = 39cm

S = 0. 3B + 11 = 39cm

CW = 14cm

③ 衣身结构平衡：前浮起余量 = (B*/40 + 2cm) − 0.05(B − B* − 12cm) = 4.1cm，撇胸1.5cm，采用下放的方法消除1cm，剩余的采用收省的方法处理。后浮余量 = (B*/40 − 0.5cm) − 0.02(B − B* − 12cm) = 1.6cm，在分割线上去掉1cm，剩余的放在袖窿中。

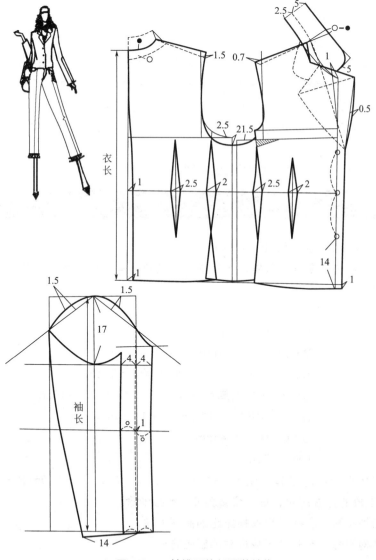

▲ 图 3-123　单排三粒扣西装结构

④ 衣袖结构制图：衣袖采用原型制图法，先作出一片袖，然后再制成两片袖。

⑤ 领子结构制图：衣领采用翻折领的制图方法。

（2）单排三粒扣西装（见图3-123）

① 款式风格：衣身属较合体风格，两片袖，前后身有胸腰省。

② 规格设计

选用号型：160/84A。

$$L = 0.35h = 56cm$$

$$WLL = 0.25h = 40cm$$

$$SL = 0.3h + 8cm + 1cm(垫肩) = 57cm$$

$$B = B^* + 内衣厚度 + 16 = (84 + 4) + 16 = 104cm$$

$$BLL = 0.2B + 3cm + 2cm = 26cm$$

$$N = 0.25(B^* + 内衣厚度) + 17cm = 39cm$$

$$S = 0.3B + 10 = 41cm$$

$$CW = 14cm$$

③ 衣身结构平衡：前浮起余量 $= (B^*/40 + 2cm) - 0.7 \times 1 - 0.05(B - B^* - 12cm) = 3cm$，采用下放的方法消除 1cm，剩余的 2cm 采用收省的方法处理。后浮余量 $= (B^*/40 - 0.5cm) - 0.7 \times 1 - 0.02(B - B^* - 12cm) \approx 0.8cm$，在分割线上去掉。

④ 衣袖结构制图：衣袖采用原型制图法，先作出一片袖，然后再制成两片袖，袖肥按 $0.2B - 2cm$ 的公式。

⑤ 领子结构制图：衣领采用翻折领的制图方法。

六、大衣

（1）休闲式翻驳领大衣（见图3-124）

① 款式风格：衣身属宽松风格，一片袖，翻驳领，斜插袋，底边有荷叶边装饰。

② 规格设计

选用号型：160/84A。

$$L = 0.6h = 96cm$$

$$WLL = 0.25h + 2cm = 42cm$$

$$SL = 0.3h + 10cm + 1cm(垫肩) = 59cm$$

$$B = B^* + 内衣厚度 + 26 = (84 + 6) + 26 = 116cm$$

$$N = 0.25(B^* + 内衣厚度) + 18cm = 41cm$$

$$S = 0.3B + 9 = 45cm$$

$$CW = 17cm$$

③ 衣身结构平衡：前浮起余量 $= (B^*/40 + 2cm) - 0.7 \times 1 - 0.05(B - B^* - 12cm) = 2.4cm$，采用下放的方法消除，后浮余量为 0，不必消除。

④ 衣袖结构制图：衣袖采用衣袖配比的制图方法。

⑤ 领子结构制图：衣领采用翻折领的制图方法。

（2）圆方领式大衣（见图3-125）

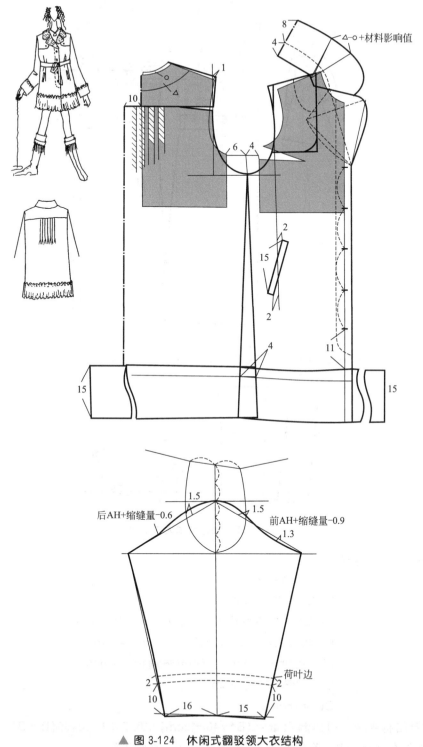

△-○+材料影响值

后AH+缩缝量-0.6   前AH+缩缝量-0.9

荷叶边

▲ 图 3-124 休闲式翻驳领大衣结构

① 款式风格：衣身属较宽松风格，一片袖，方圆领，斜插袋。

② 规格设计

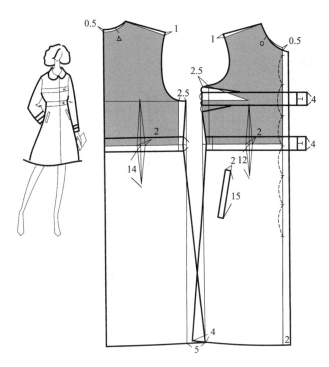

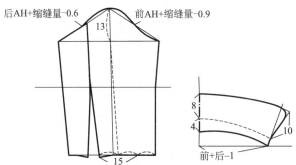

▲ 图 3-125　圆方领式大衣结构

选用号型：160/84A。

$$L = 0.6h = 96cm$$

$$WLL = 0.25h + 2cm = 42cm$$

$$B = B^* + 内衣厚度 + 16 = (84 + 6) + 16 = 106cm$$

$$N = 0.25(B^* + 内衣厚度) + 18cm = 41cm$$

$$SL = 0.3h + 10cm + 1.5cm(垫肩) = 59.5cm$$

$$S = 0.3B + 10 = 42cm$$

$$CW = 15cm$$

③ 衣身结构平衡：前浮起余量 $= (B^*/40 + 2cm) - 0.7 \times 1 - 0.05(B - B^* - 12cm) = 2.9cm$，采用在分割线中消除的方法，后浮余量为 0，不必消除。

④ 衣袖结构制图：衣袖采用比例的方法来制图，袖山高为 13cm。

⑤ 领子结构制图：衣领采用翻领的制图方法。

第五节　男装整体结构制图

男性在体型特点上有别于女性，例如：男性的胸腰差小于女性，男性的前腰节要比女性长，男性胸部扁平，前浮余量不能用收省的形式来消除，而男性后背的肌肉发达，在处理袖山的形状和后背浮余量的处理上都有别于女性等，因此男装的结构制图主要是根据男性的特点来分析衣身的平衡，以及衣领和衣袖的结构制图方法，下面用具体的实例来说明。

一　男装基本测量部位

男装和女装一样，对于一些尺寸数据的获得都可以在人体上直接量取，而在实际的大工业生产中则更多地以身高和净胸围为参照物，按照一定的公式进行数值的设计。基本公式如下：

$$L(衣长) = \begin{cases} 0.4h + (6\sim8)cm(西装类、衬衫类) \\ 0.4h + (0\sim2)cm(夹克类) \\ 0.6h + (15\sim20)cm(风衣、长上衣类) \end{cases}$$

$$WLL(腰节) = 0.25h + 2cm + (1\sim2)cm$$

$$SL(袖长) = 0.3h + \begin{cases} (8\sim9)cm + 垫肩厚(西装类外套) \\ (9\sim10)cm + 垫肩厚(衬衫类) \\ (10\sim11)cm(冬) + 垫肩厚(大衣类) \end{cases}$$

$$B(胸围) = B^* + 内衣厚度 + \begin{cases} 0\sim12cm(贴体) \\ 12\sim18cm(较贴体) \\ 18\sim25cm(较宽松) \\ 25cm\sim(宽松) \end{cases}$$

$$N(领围) = 0.25(B^* + 内衣厚度) + (15\sim20)cm$$

$$S(肩宽) = \begin{cases} 0.3B + 12\sim13cm(大衣) \\ 0.3B + 13\sim14cm(外套) \end{cases}$$

$$CW(袖口宽) = 0.1(B^* + 内衣厚度) + \begin{cases} 2cm(衬衫类) \\ 6cm(西装类) \\ 8cm\sim(大衣类) \end{cases}$$

$$BLL(袖窿深) = 0.2B + 3cm + \begin{cases} 1\sim2cm(贴体、较贴体) \\ 2\sim3cm(较宽松) \\ 3cm\sim(宽松) \end{cases}$$

$$B-W(腰围) = \begin{cases} 0\sim6cm(卡腰) \\ 6\sim12cm(较收腰) \end{cases}$$

$$H(臀围) = \begin{cases} B - \geqslant4cm(T形) \\ B + (0\sim2)cm \\ B + 3cm\sim(A形) \end{cases}$$

男装在前浮余量的消除上有三种方法：第一种是前浮余量全部放在前胸撇胸处，一般用于西装类；第二种是将前浮余量大部分放在前衣身腰节线下，少部分在袖窿，一般用于衬衫类；第三种是将前浮余量部分下放，部分放在前胸撇胸处，一般用于夹克类和中山装。

二、衬衫类

（1）普通男衬衫制图（见图 3-126）

① 款式风格：衣身属较贴体风格，直身一片袖较宽松，翻立领，直下摆，前后有过肩。

② 规格设计

选用号型：170/90A。

$$L = 0.4h + 8cm = 76cm$$

$$WLL = 0.25h + 2cm = 44.5cm$$

$$SL = 0.3h + 9cm = 60cm$$

$$B = B^* + 16 = 106cm$$

$$BLL = 0.2B + 3cm + 2cm = 26cm$$

$$N = 0.25B^* + 17cm = 40cm$$

$$S = 0.3B + 13cm = 45cm$$

$$CW = 12cm$$

③ 衣身结构平衡：前浮起余量 2.3cm，采用下放的方法消除 1cm，剩余的在袖窿中去掉，后浮余量 1.8cm，在分割线上消除 1cm，余下的 0.8cm 放在肩缝，用工艺缝缩的方法消除。

④ 衣袖结构制图：因袖子的造型为较宽松型，直接采用袖山配比的方法或直接量取前后袖窿的长度来确定袖山，袖山高为 9cm，袖身为直身一片袖。

⑤ 衣领结构制图：底领为立领结构，宽为 3.5cm，翻领的领宽为 4.5cm，领角为 7cm。

（2）宽松短袖男衬衫制图（见图 3-127）

① 款式风格：衣身属较宽松风格，直身一片袖较宽松，翻领，直下摆，前后片有过肩，后身有褶。

② 规格设计

选用号型：170/90A。

$$L = 0.4h + 8cm = 76cm$$

$$WLL = 0.25h + 2cm = 44.5cm$$

$$SL = 26cm$$

$$B = B^* + 20 = 110cm$$

$$BLL = 0.2B + 3cm + 3cm = 28cm$$

$$N = 0.25B^* + 19cm = 42cm$$

$$S = 0.3B + 13cm = 46cm$$

$$CW = 26cm$$

③ 衣身结构平衡：前浮起余量 $= B^*/40 - 0.05(B - B^* - 18cm) = 2.5cm$，采用下放的方法消除 1cm，其余的放在袖窿上消除，后浮余量 $= (B^*/40 - 0.4cm) - 0.02(B - B^* - 18cm) = 1.8cm$，在分割线上消除 1cm，余下的 0.8cm 放在肩缝上，用工艺缝缩的方法消除。

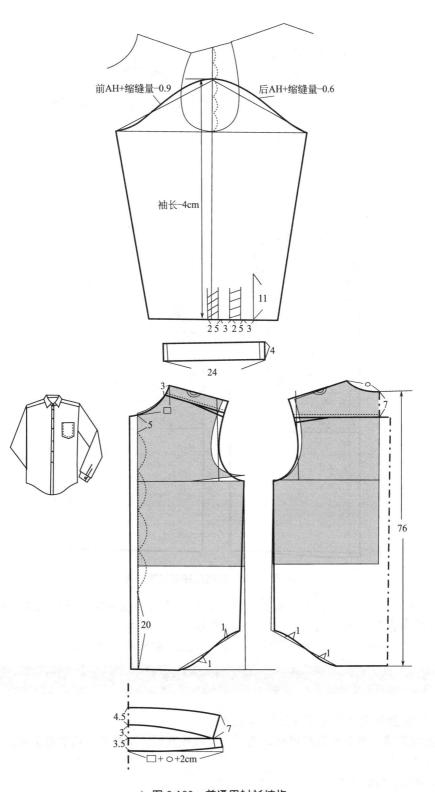

前AH+缩缝量-0.9　　后AH+缩缝量-0.6

袖长-4cm

11

2 5 3 2 5 3

24 4

3

5

76

7

20

1

1

1

1

4.5

3

3.5

□+○+2cm

7

▲ 图 3-126　普通男衬衫结构

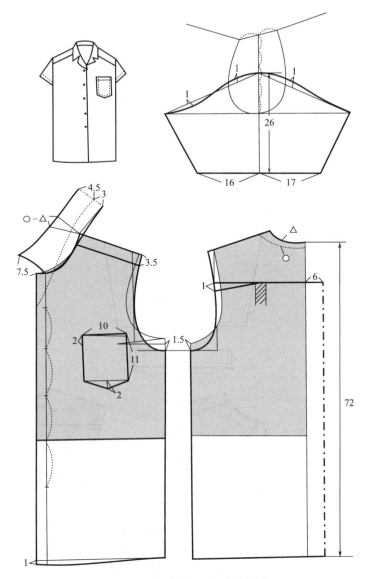

▲ 图 3-127   宽松短袖男衬衫结构

④ 衣袖结构制图：因袖子的造型为较宽松型，因此直接由配比的形式或直接量取前后袖窿的长度来确定袖山，袖山高为 9cm，袖身为直身一片袖。

⑤ 衣领结构制图：底领为立领结构，宽为 3cm，翻领的领宽为 4.5cm，领角为 7.5cm。

三、休闲装

（1）宽松型休闲夹克制图（见图 3-128）

① 款式风格：衣身属宽松风格，直身一片袖较宽松，小翻领，前后有分割。

② 规格设计

选用号型：170/90A。

$$L = 0.4h + 4cm = 72cm$$

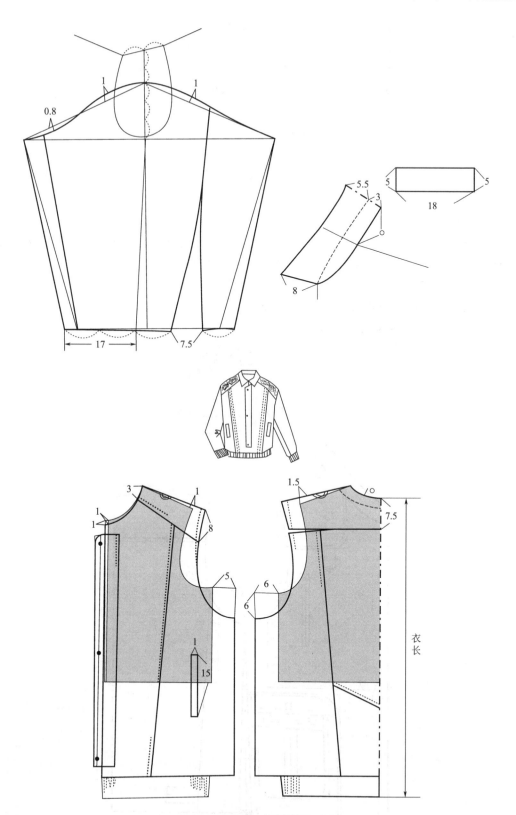

▲ 图 3-128 宽松型休闲夹克结构

WLL = 0.25h + 2cm = 44.5cm

SL = 0.3h + 9cm + 1.2cm 垫肩厚 = 61cm

B = (B* + 内衣厚度) + 30 = 90 + 8 + 30 = 128cm

BLL = 0.2B + 3cm + 3cm = 32cm

N = 0.25(B* + 内衣厚度) + 18cm = 42.5cm

S = 0.3B + 13cm = 51cm

CW = 17cm

③ 衣身结构平衡：前浮起余量 = B*/40 - 0.7 垫肩厚 - 0.05(B - B* - 18cm) = 0.4cm，放在袖窿上，后浮余量 = (B*/40 - 0.4cm) - 0.7 垫肩厚 - 0.02(B - B* - 18cm) = 0.6cm，将 0.6cm 放在肩缝，用工艺缝缩的方法消除。

④ 衣袖结构制图：因袖子的造型为较宽松型，采用袖子配比的方法或直接量取前后袖窿的长度来确定袖山，袖山高为 9cm，袖身为直身一片袖。

⑤ 衣领结构制图：翻领的领宽为 8.5cm，领角为 8cm。

(2) 宽松型休闲短外套制图（见图 3-129）

① 款式风格：衣身属宽松风格，直身一片袖较宽松，小立领。

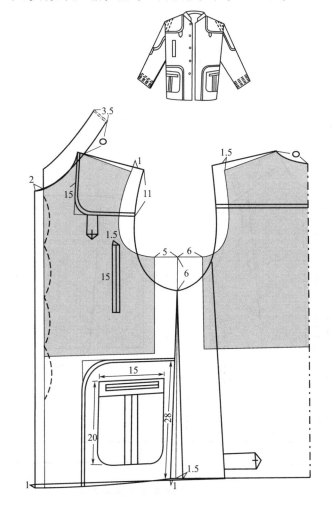

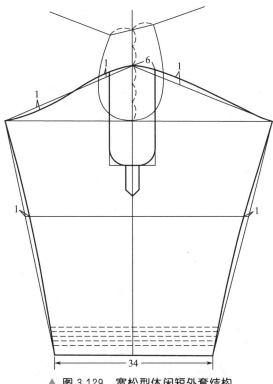

▲ 图 3-129　宽松型休闲短外套结构

② 规格设计

选用号型：170/90A。

$$L = 0.4h + 7cm = 75cm$$

$$WLL = 0.25h + 2cm = 44.5cm$$

$$SL = 0.3h + 9cm + 1.2cm 垫肩厚 = 61cm$$

$$B = (B^* + 内衣厚度) + 30 = 90 + 8 + 30 = 128cm$$

$$BLL = 0.2B + 3cm + 3cm = 32cm$$

$$N = 0.25(B^* + 内衣厚度) + 18cm = 42.5cm$$

$$S = 0.3B + 13cm = 51cm$$

$$CW = 17cm$$

③ 衣身结构平衡：前浮起余量 $= B^*/40 - 0.7$ 垫肩厚 $- 0.05(B - B^* - 18cm) = 0.4cm$，放在袖窿上，后浮余量 $= (B^*/40 - 0.4cm) - 0.7$ 垫肩厚 $- 0.02(B - B^* - 18cm) = 0.6cm$，将 0.6cm 放在肩缝，用工艺缝缩的方法消除。

④ 衣袖结构制图：因袖子的造型为较宽松型，采用袖子配比的方法或直接量取前后袖窿的长度来确定袖山，袖山高为 9cm，袖身为直身一片袖。

⑤ 衣领结构制图：按立领的制图方法来做。

四、男西装

(1) 单排两粒扣平驳头西装（见图 3-130）

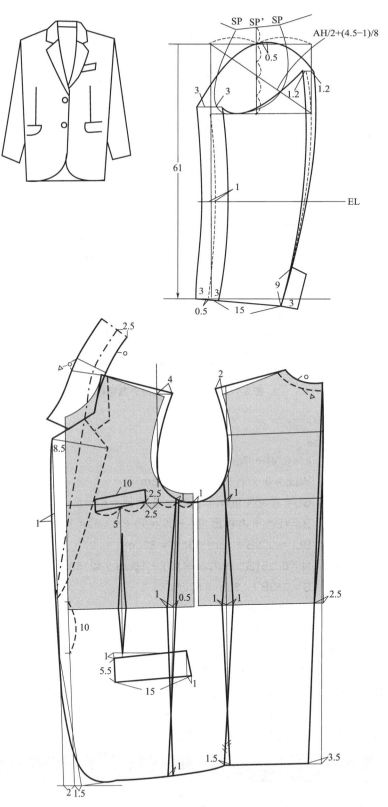

▲ 图 3-130 单排两粒扣平驳头西装结构

① 款式风格：衣身属较贴体风格，单排两粒扣，平驳头。

② 规格设计

选用号型：170/90A。

$$L = 0.4h + 7cm = 75cm$$

$$WLL = 0.25h + 2cm = 44.5cm$$

$$SL = 0.3h + 8cm + 1.2cm 垫肩厚 = 60cm$$

$$B = (B^* + 内衣厚度) + 16 = 90 + 2 + 16 = 108cm$$

$$BLL = 0.2B + 3cm + 3cm = 28cm$$

$$N = 0.25(B^* + 内衣厚度) + 17cm = 40cm$$

$$S = 0.3B + 13cm = 46cm$$

$$CW = 14cm$$

③ 衣身结构平衡：前浮起余量 $= B^*/40 - 0.7 垫肩厚 - 0.05(B - B^* - 18cm) = 1.4cm$，1cm 放在前撇胸处，其余的采用下放的形式处理，后浮余量 $= (B^*/40 - 0.4cm) - 0.7 垫肩厚 - 0.02(B - B^* - 18cm) = 1cm$，将 1cm 放在肩缝和袖窿，用工艺缝缩的方法消除。

④ 衣袖结构制图：因袖子的造型为较贴体型，因此设计袖肥为 $0.2B - 1.5cm$，袖山斜线取 $AH/2 + 4.5 - 1/8$，袖身取弯身形。

⑤ 衣领结构制图：按翻驳领的制图方法来制图。

（2）双排扣戗驳领较贴体西装（见图 3-131）

① 款式风格：衣身属较贴体风格，双排四粒扣，戗驳头。

② 规格设计

选用号型：170/90A。

$$L = 0.4h + 8cm = 76cm$$

$$WLL = 0.25h + 2cm = 44.5cm$$

$$SL = 0.3h + 8cm + 1.2cm 垫肩厚 = 60cm$$

$$B = (B^* + 内衣厚度) + 16 = 90 + 2 + 16 = 108cm$$

$$BLL = 0.2B + 3cm + 3cm = 28cm$$

$$N = 0.25(B^* + 内衣厚度) + 17cm = 40cm$$

$$S = 0.3B + 13cm = 46cm$$

$$CW = 14cm$$

③ 衣身结构平衡：前浮起余量 $= B^*/40 - 0.7 垫肩厚 - 0.05(B - B^* - 18cm) = 1.4cm$，1cm 放在前撇胸处，其余的采用下放的形式处理，后浮余量 $= (B^*/40 - 0.4cm) - 0.7 垫肩厚 - 0.02(B - B^* - 18cm) = 1cm$，将 1cm 放在肩缝和袖窿，用工艺缝缩的方法消除。

④ 衣袖结构制图：因袖子的造型为较贴体型，因此设计袖肥为 $0.2B - 1.5cm$，袖山斜线取 $AH/2 + (4.5 - 1)/8$，袖身取弯身形。

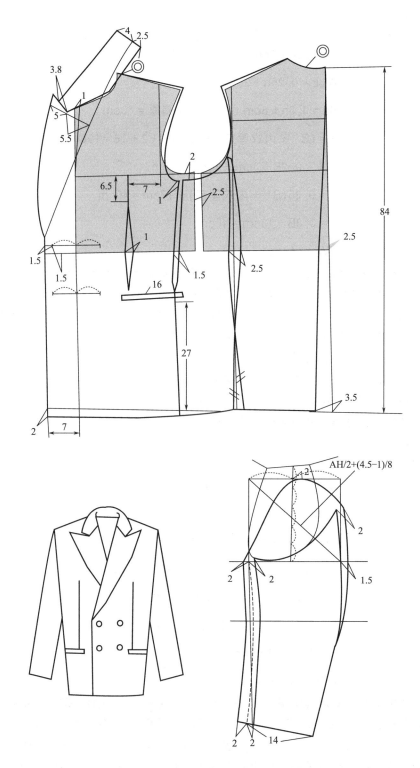

▲ 图 3-131　双排扣戗驳领较贴体西装结构

⑤ 衣领结构制图：按翻驳领的制图方法来制图。

五、中山装

（1）款式风格：衣身属较宽松风格，翻立领，有 4 个贴口袋（见图 3-132）。

（2）规格设计

选用号型：170/90A。

$$L = 0.4h + 7cm = 75cm$$

$$WLL = 0.25h + 2cm = 44.5cm$$

$$SL = 0.3h + 8cm + 1.2cm 垫肩厚 = 60cm$$

$$B = (B^* + 内衣厚度) + 16 = 90 + 2 + 16 = 108cm$$

$$BLL = 0.2B + 3cm + 3cm = 28cm$$

$$N = 0.25(B^* + 内衣厚度) + 17cm = 40cm$$

$$S = 0.3B + 13cm = 46cm$$

$$CW = 15cm$$

（3）衣身结构平衡：前浮起余量 = $B^*/40 - 0.7$ 垫肩厚 $- 0.05(B - B^* - 18cm) = 1.4cm$，$0.8cm$ 用下放的形式处理其余的放在前撇胸处，后浮余量 = $(B^*/40 - 0.4cm) - 0.7$ 垫肩厚 $- 0.02(B - B^* - 18cm) = 1cm$，将 $1cm$ 放在肩缝和袖窿，用工艺缝缩的方法消除。

（4）衣袖结构制图：因袖子的造型为贴体型，因此设计袖肥为 $0.2B$，袖山斜线取 $AH/2 + (4.5 - 1)/8$，袖身取弯身形。

（5）衣领结构制图：按翻立领的制图方法来做。

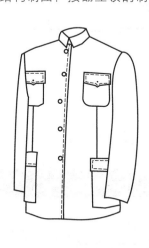
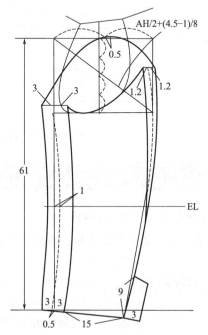

▲ 图 3-132

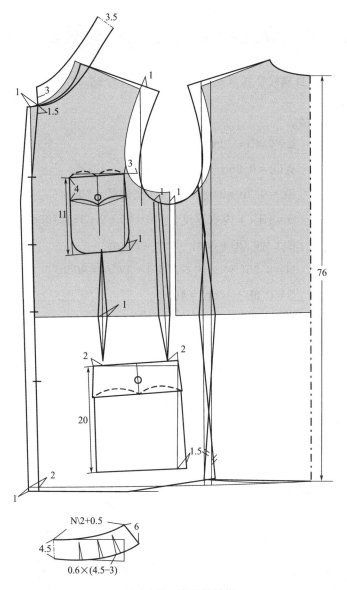

▲ 图 3-132　中山装结构

六、大衣

（1）插肩袖式大衣（见图 3-133）

① 款式风格：衣身属较宽松风格，有插肩袖，斜插袋，立领。

② 规格设计

选用号型：170/90A。

$$L = 0.6h + 13cm = 115cm$$

$$WLL = 0.25h + 3cm = 45.5cm$$

$$SL = 0.3h + 10cm + 1.2cm 垫肩厚 = 62cm$$

$$B = (B^* + 内衣厚度) + 30 = 90 + 8 + 30 = 128cm$$

$$BLL = 0.2B + 3cm + 3cm = 32cm$$

$$N = 0.25(B^* + 内衣厚度) + 17.5cm = 42cm$$

$$S = 0.3B + 12cm = 50cm$$

$$CW = 19cm$$

③ 衣身结构平衡：前衣身平衡采用箱形平衡方法，前浮起余量 $= B^*/40 - 0.7$ 垫肩厚 $- 0.05 (B - B^* - 18cm) = 1.2cm$，将前浮余量下放，后浮余量 $= (B^*/40 - 0.4cm) - 0.7$ 垫肩厚 $- 0.02(B - B^* - 18cm) = 0.9cm$，放在肩缝，用工艺缝缩的方法消除。

④ 衣袖结构制图：按插肩袖的制图方法来做。

⑤ 衣领结构制图：按立领的制图方法来做。

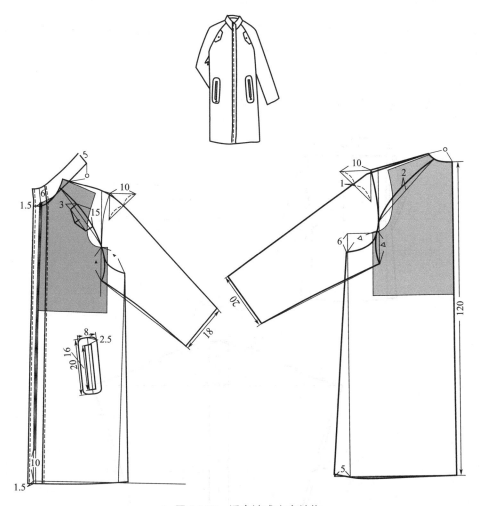

▲ 图 3-133　插肩袖式大衣结构

(2) 翻领式大衣（见图 3-134）

① 款式风格：衣身属宽松风格，翻领，一片袖，前后身有分割。

② 规格设计

选用号型：170/90A。

$$L = 0.6h + 13cm = 115cm$$

$$WLL = 0.25h + 3cm = 45.5cm$$

$$SL = 0.3h + 10cm + 垫肩厚 = 62cm$$

$$B = (B^* + 内衣厚度) + 30 = 90 + 8 + 30 = 128cm$$

$$BLL = 0.2B + 3cm + 3cm = 32cm$$

$$N = 0.25(B^* + 内衣厚度) + 17.5cm = 42cm$$

$$S = 0.3B + 12cm = 50cm$$

$$CW = 17cm$$

③ 衣身结构平衡：前浮起余量 $= B^*/40 - 0.7$ 垫肩厚 $- 0.05(B - B^* - 18cm) = 0.4cm$，将前浮余量下放，后浮余量 $= (B^*/40 - 0.4cm) - 0.7$ 垫肩厚 $- 0.02(B - B^* - 18cm) = 0.6cm$，放在肩缝，用工艺缝缩的方法消除。

④ 衣袖结构制图：按衣袖配比的方法制图。

⑤ 衣领结构制图：按翻领的制图方法来做。

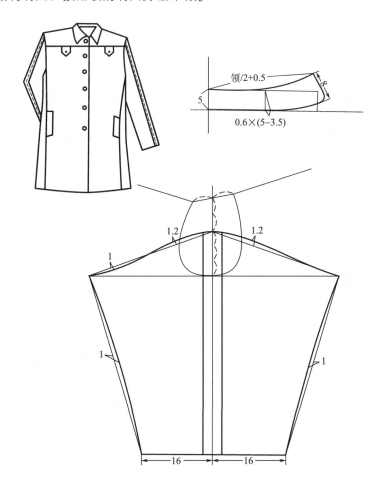

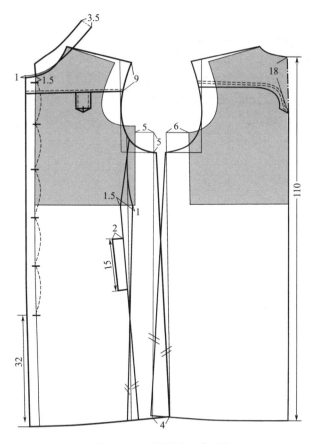

▲ 图 3-134 翻领式大衣结构

思考与练习

1. 衣身原型与人体的关系如何？如何进行衣身原型的结构制图。

2. 衣身浮余量的定义及其消除方法是怎样的？

3. 撇胸是如何形成的，其大小如何确定？

4. 衣片的分割有哪些形式，它们对服装造型有哪些影响？

5. 在有垫肩的情况下，为什么要提高衣身的肩端点？

6. 领口和领型之间有什么样的关系，主要有哪些变化？

7. 立领的结构分类和设计要素有哪些？结构形态和造型形态存在什么关系？

8. 立领中，领切点往上移和往下移分别说明什么？

9. 确定翻领松量应考虑什么因素？翻领松量过大或过小，会使衣领出现哪些弊病？

10. 衣袖的种类和特点是什么？

11. 袖山高与袖肥的关系是什么？

12. 较贴体型女士短袖衬衫制图，L＝60cm   B＝92cm   SL＝25cm   H＝92cm
    WLL＝40cm   N＝40cm   S＝40cm   CW＝12cm。

13. 较贴体型女士四开身西装制图，L＝65cm   B＝98cm   SL＝58cm   H＝100cm

WLL＝41cm　N＝40cm　S＝41cm　CW＝13cm。

14. **男式短袖衬衫制图**，L＝74cm　B＝104cm　SL＝25cm　H＝104cm　N＝41cm
S＝40cm　CW＝12cm。

15. **男式西装制图**，L＝76cm　B＝120cm　SL＝58cm　B－H＝10cm　N＝42cm
S＝47cm　CW＝15cm。

第四章　童装结构制图

● 第一节　儿童体型特征
● 第二节　童装款式结构制图

学习目标

1. 了解儿童的体型特征；
2. 掌握童装的结构变化原理，进行童装结构制图。

　　童装作为儿童穿着的服装，涵盖了0~16岁年龄段人群的全部着装，可细分为0~1岁段的婴儿装、1~5岁段的幼儿装、6~12岁段的学童装、13~15岁段的少年装。童装的结构与成人有所不同，是随年龄的增长而变化，并逐渐接近成人的服装结构。

第一节　儿童体型特征

一、儿童的体型特征

儿童时期是人的一生中体型变化最快的阶段，从出生到少年，体型随着年龄的增长急剧变化。如果将儿童的年龄划分阶段，分成各个年龄群，就会发现一个年龄群和其前后的年龄群之间的差别并不明显。但进行细致比较的话，则会发现每一个年龄群，都有其特有的体型、姿势、比例和身体各部位的尺寸。

1. 儿童体型与成人体型的区别

成人体型与儿童体型的大小区别，是显而易见的。如果将成人体型轮廓按其比例缩小，与儿童体型相比也是不一样的，因为儿童自身有着与各个年龄段相对应的不同体型结构。

儿童体型与成人体型做比较，区别最大的有以下几个方面：

(1) 下肢与身长进行比较　我们会发现年龄越小的儿童腿越短，1～2岁的儿童，下肢约占身长的32%。

(2) 大腿和小腿比较　年龄越小的儿童大腿越短。随着儿童的成长，下肢与身长的比例逐渐接近1：2，其中大腿的增长较为显著。1岁儿童大腿内侧尺寸大约只有10cm，而3岁约为15cm，8岁约为25cm，10岁约为30cm。与身体其他部位相比，大腿的身长增长率明显要大于其他部位。

(3) 男女儿童体型的差异　在8岁之前，儿童在体型上没有太大的性别差异，是几乎完全相同的儿童体型。

(4) 从侧面观察儿童的体型特征　腹部大且向外突出，类似肥胖体型的成年人；但成年人的后背是平的，而儿童由于腰部（正好是肚脐正后方的背部）最凹，因此身体向前弯曲，形成弧状。

(5) 颈长　儿童的颈长在2岁之前，只有身长的2%左右，到2岁就达到3.5%，6岁就达到4.8%，接近了成年人的比例，到了8～10岁，一部分与成年人同比例（5.15%），有一部分则会达到5.3%。这就是有一个时期儿童看起来颈部又细又长的原因。

(6) 从腿形上看　成人能够并脚站立很长时间，而6岁以下儿童，如果不分开两脚，就很难站起来，特别是3岁以下的儿童，从膝关节以下，小腿向外弯曲（向外张开）。因此，儿童很难保持并脚站立的姿势。

2. 儿童的体型特征

(1) 肩部（外形特点）　儿童的肩部一般窄而薄，肩头前倾，肩膀的弓形状及肩部的双曲面均弱于成年人。

(2) 胸背部（外形特点）　一般儿童胸部的球面状程度与成年人相仿，但肩胛骨的隆起却明显弱于成年人，背部平直略带后倾，成为幼儿体型的一个明显的特征。使得童装的后腰节长只要等于甚至小于前腰长即可。

（3）腰部（外形特点） 儿童腹部呈球面状突起，致使腰节不明显，凹陷模糊。

（4）臀部（外形特点） 儿童的臀窄且外凸不明显，臀腰差几乎不存在。由于不存在臀腰差，使得儿童裤装的腰部，一般不收省打褶，而以收橡皮筋或背带为主。

3. 儿童各时期的体型特征

（1）婴儿期体型 其体型为：头部大，颈部很短，肩部浑圆，无明显肩宽；上身长，下肢短，胸部、腹部突出，背部的曲率小，腿型多呈 O 形，类似于青蛙的体型。

身体各个部分的比例为：颈部长度约为身长的 2%，上身长度为 2～2.5 个头长，下肢长度为 1～1.5 个头长，全身长由出生时的 4.14 个头长，增加到 1 岁时的 4.3 个头长，约为 80cm，胸围为 49cm 左右，腹围为 47cm 左右，几乎没有胸腰差，手臂长为 25cm 左右，上裆长为 18cm 左右。

（2）幼儿期体型 其体型是处在不断的变化之中，表现为：全身长增长显著，1～3 岁每年增长约 10cm，4～6 岁每年增长约 5cm，即从 2 岁时的 4.5 个头长，增加到 5 岁时的约 5.5 个头长；颈部形状逐渐明确，并变得细长，到 5 岁时，颈部长度约占身长的 4.8%；肩部厚度减小，有明显的肩宽；胸围每年增长 2cm 左右，腰围每年增长 1cm 左右，腹部突出逐渐减小，背部曲率增大。上肢每年增长 2cm 左右，下肢增长也很快，尤其是大腿的长度增加显著，到 5 岁时，下肢长约为 2 个头长，上裆长每年增长 1cm 左右；两腿逐渐变直，O形腿基本消失。

（3）学童期体型 这一阶段的儿童身高增加显著，每年增长 5cm 左右，到 12 岁时，男童的全身长逐渐增加到 6.6 个头长左右，女童的全身长度达到 6.9 个头长；颈部长度继续增加，约为身长的 5%；胸围每年增长 2cm 左右，腰围每年增长 1cm 左右，腹部突出减小显著，上肢长每年增长 2cm，下肢长度增至约 3 头长，上裆长每年男童增长 0.4cm 左右，女童增长 0.6cm 左右。8 岁之前的儿童，没有男女体型差异，8 岁之后，男女儿童体型差异开始显现。

（4）少年期体型 儿童 13～15 岁为少年期，也称为中学生阶段，处于身体生长发育明显的阶段。以身高的迅速增加为主要特征，全身长增加为 7～8 个头长，男童每年增长 5cm 左右，女童每年增长由 5cm 逐渐减为 1cm，身高、体重、体型及身体各个部位的比例与成年人十分类似（见图 4-1）。胸围男、女童每年增长都为 3cm 左右，男童腰围每年增长 2cm

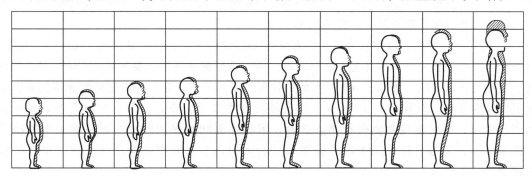

▲图 4-1　儿童各个时期的体型特征（侧面图）

左右，而女童每年增长仍为 1cm 左右，腰部变细，手臂长每年增长 2cm 左右；下肢上裆长仍为男童每年增长 0.4cm，女童每年增长 0.6cm 左右。男、女童逐步进入青春发育期，第二性特征开始出现，男女体型差异逐渐加大。

儿童身体发育数值，见表 4-1。

表 4-1　儿童身体发育数值　　　　　　　　　单位：cm

年　龄	体　重/kg		身　高		胸　围		头　围	
	男	女	男	女	男	女	男	女
出生时	3.3	3.2	50.4	49.8	33.3	33.0	33.7	34.3
1～2 岁	10.7	10.6	80.3	78.9	47.2	46.2	46.9	45.7
2～3 岁	12.5	12.0	89.1	88.1	49.8	48.7	48.2	47.0
3～4 岁	14.4	14.0	96.8	95.9	51.7	50.6	49.3	48.2
4～5 岁	16.2	15.8	103.7	102.8	53.0	52.1	49.8	49.0
5～6 岁	18.3	17.8	110.5	109.8	54.5	53.6	50.9	49.7
6～7 岁	20.9	20.3	117.9	117.1	55.6	55.9	51.2	50.2
7～8 岁	23.3	22.3	123.9	122.7	57.3	56.4	51.6	50.5
8～9 岁	25.7	24.5	128.6	127.8	60.5	60.8	52.3	51.8
9～10 岁	28.6	27.4	133.8	133.5	63.5	63.6	53.6	52.5
10～11 岁	31.8	31.1	138.8	139.5	66.4	67.1	55.4	54.8
11～12 岁	35.6	35.7	144.5	146.2	69.8	70.3	56.2	55.7
12～13 岁	39.7	40.1	150.4	151.7	72.1	73.5	56.2	56.0

二、童装基础结构制图

童装的结构设计可以在原型的基础上，进行各种变化。由于儿童时期是人一生中生长发育最快的时期，因此常将童装原型分为 1～12 岁的幼童原型和 13～15 岁的少女装原型。

童装原型中使用最多的是衣身原型和袖子原型，衣身原型是以胸围尺寸与背长尺寸为基础而计算出来，加上一定的放松量。袖子原型是以衣身的袖窿尺寸与袖长尺寸为基准而计算出来的，使之能适合衣身原型，考虑放松量、收缩量而定的一片袖。袖原型经过一定变化，可以应用于上衣、连衣裙等长短袖的使用。

1. 1～12 岁幼童上装原型的制图方法

(1) 此原型适合身高 115cm、净胸围为 60cm 的 6 岁左右儿童，背长为 26cm。

(2) 衣身部分绘制说明 ［见图 4-2(a)］

① 先作一矩形框，以背长为高，以 B/2＋7cm(放松量) 长。童装采用 14cm 的放松量，这是因为处于成长过程中的儿童，活泼好动，所以放松量比成年人要相对大一些；再画胸围线，自基础线上端向下量取 B/4＋0.5cm 的位置，画水平线，这也是决定袖窿深度的线。对于肥胖体的儿童，胸围尺寸因为很大，胸围线会变得很低；反之，对于瘦体儿童，则因其胸围尺寸小，而胸围线会变得很高。这时，因其会影响袖窿尺寸，所以在胸围尺寸极端小的情况下，要适当降低胸围线；胸围尺寸过大时，要适当提高胸围线，使之符合体型的需要。

② 自胸围线的中点向下画垂线，完成侧缝线，并与基础线交于一点。

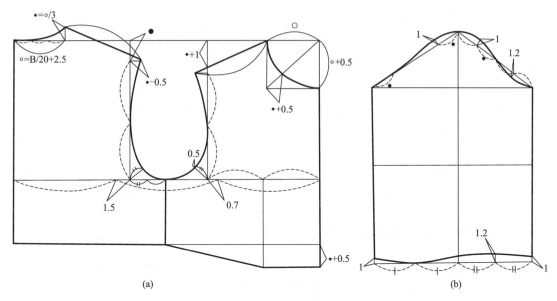

▲图 4-2 幼童上装原型

③ 将胸围线三等分，过等分点后片向侧缝线方向量取 1.5cm，前片向侧缝线方向量取 0.7cm，过这两个点作垂线交于上面的基础线，得到背宽线和胸宽线。考虑到手臂运动的机能性，背宽比胸宽要适当大一些。

④ 完成后领弧线：确定后领宽＝B/20＋2.5cm，后领深＝1/3 后领宽。领宽的计算方法不仅仅是以胸围为比例来进行计算的，还加上了 2.5cm 的调节量，这是因为脖颈的粗细并非完全与胸围尺寸成比例而变粗或变细，所以为减小误差增加了调节量。后领弧线的画法，在后中心点与水平基础线重叠 1.5～2cm 后，再与侧颈点连接画弧。

⑤ 完成后肩线：沿背宽线从上基础线向下量取后领宽的 1/3，向外作长度为 1/3 后领宽－0.5cm 的水平线段，确定后肩点，连接后侧颈点和后肩点。

⑥ 完成前领弧线：确定前领宽＝后领宽，前领深＝后领宽＋0.5cm，连接对角线并量取 1/3 后领宽＋0.5cm 的点为辅助点，画顺前领口弧线。

⑦ 完成前肩线：从胸宽线与上基础线的交点向下量取 1/3 后领宽＋1cm 作一定点，与前侧颈点作连接线并延长，在此线上截取后肩线长度减 1cm 确定前肩线的端点。后肩线比前肩线长出 1cm 是为了满足肩胛骨的隆起量。

⑧ 完成前后袖窿弧线。

⑨ 完成腰线：在前中心线向下过基础线的延长线上，截取 1/3 后领宽＋0.5cm 的长度，作为前片的放低量。作基础线的水平线至胸宽的 1/2 垂直线的位置，再与侧缝线下端相连接。

（3）袖片部分绘制说明　袖原型是袖子制图的基础，为一片袖。以衣身原型的袖窿尺寸为基础，来进行袖片原型的绘制，其中袖窿弧长 AH 的取值，是使用软尺围量衣身袖窿一周而得到的［见图 4-2(b)］。绘制说明如下。

① 完成袖山高线：画两条十字交叉线，由交叉点向上量取 AH/4＋定寸确定袖山高线，其中定寸是个变化值，幼儿期为 1cm、儿童期为 1.5cm、少年期为 2cm，随着成长可多加

些，即可成为适宜的袖山高度。

② 完成袖肥线：确定前袖肥 ＝ AH/2 ＋ 0.5cm，后袖肥 ＝ AH/2 ＋ 1cm，从袖山顶点向横线上斜量定出袖肥的宽度。并由袖山顶点向下量取 1/2 袖长 ＋ 2.5cm 画出袖肘线的位置。

③ 画顺袖山弧线：将前袖山斜线四等分，靠近袖山顶点的 1/4 等分点处外凸 1cm，靠近腋下点的 1/4 等分点处向里凹进 1.2cm，中点处为弧线的转折点。在后袖山斜线上，同样靠近袖山顶点截取前袖山斜线的 1/4 定点，且向外凸 1cm，靠近后腋下点截取前袖山斜线的 1/4 定点处为后袖山弧线的切点，用曲线自然连接各个辅助点，完成袖山弧线。

④ 画顺袖口弧线：使其在前袖口中点处向里弧进 1.2cm，后袖口中点处与袖口弧线相切，前后袖缝处各向上提 1cm，用光滑曲线连接各个辅助点，完成袖口弧线的绘制。

2. 13～15 岁少女装原型的制图方法

少女原型与幼童原型的形式基本相同，只是各个部位的尺寸计算值有所不同，与幼童原型相比，少女装原型更接近女装原型。如胸围的放松量变成了 12cm，原型上有了 BP 点的标注等。需要说明的是，虽然是少女装原型，但它同样适用于少男。

此规格适合身高 156cm、净胸围为 80cm 的 14 岁左右少女，背长为 37cm，袖长为 51cm。

具体作图方法不再赘述（见图 4-3）。

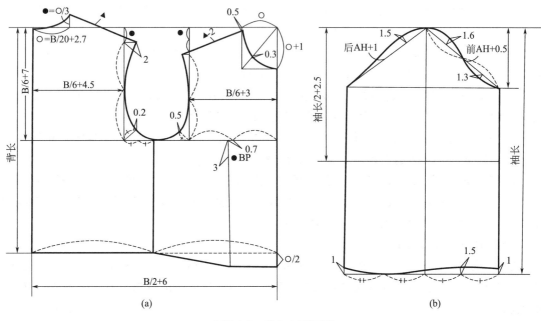

（a）　　　　　　　　　　　　　　　　　（b）

▲ 图 4-3　少女上装原型

三、童装原型的运用

原型的运用对于童装结构设计来说是非常方便的，而且可以适应各种不同款式的变化。

为更好地使用原型，在对儿童体型特征有一定了解的同时，还应掌握实际应用中对童装原型的处理方法。

1. 对前身放低量的处理

童装原型与女装原型在前衣身上均不同程度的产生了放低量，其作用都是为了弥补着装后服装出现的前短后长的弊病。女装中放低量的设计是由于胸部的隆起状态产生的，而在童装中这个量却是为腹凸设计的。儿童的体型特点是"挺胸凸肚"，在原型中放低量的值为2.2～3.5cm，在结构设计中，是不能随便去掉的，童装原型中对前身放低量的处理方法与女装原型的处理方法十分相似，常用的方法主要有以下6种。

（1）侧缝收省法　将前片放低量与后片腰围线对齐，向下增加相同长度，绘出完整的衣身结构。这时会发现，前片放低量实际在侧缝处产生了一个差量。在女装中常将侧缝差量处理为一个指向胸点的侧缝省，而在童装中前片放低量实际上形成了一个指向腹部的侧缝省。若直接在衣身上收肚省，就能很好地解决这个问题（见图4-4）。

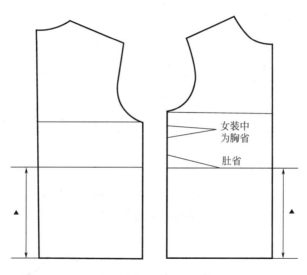

▲图4-4　侧缝收省法

但在款式设计中，在这个部位很少采用收省的方法，这就需要用其他的方法解决腹凸造型。

（2）省量转移法　也可以根据女装设计原理进行省量的转移，即将侧缝处的肚省转移到其他部位，或转移到分割线中，也可采用收碎褶的形式将省量进行转移（见图4-5）。

（3）袖窿深开法　将侧缝处产生的差量转移至前袖窿处，采取向下深开袖窿的方法去掉部分省量。由于在实际制作中没有采取将省量缝合成形的方法，在袖窿处余留部分省量，但因其量较小，只有0.5～1cm，对服装的造型影响不大（见图4-6）。

（4）底摆起翘法　在衣片不收省的情况下，仅靠前袖窿处向下深开的方法平衡不了前后侧缝的差量。而在前底摆处增加起翘，就可以粗略地解决这个问题。这种做法实质是平面化的结构处理方法，是将腹凸量人为地减小形成的，弥补了前短后长的缺陷。一般

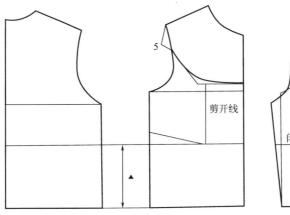

▲图 4-5 省量转移法

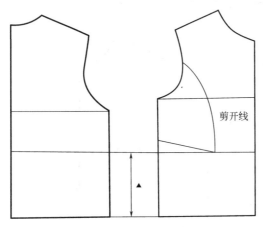

▲图 4-6 袖窿深开法

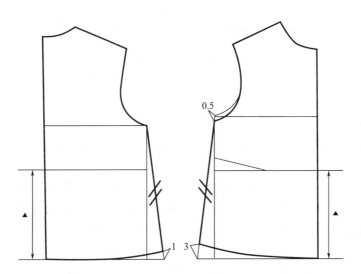

▲图 4-7 底摆起翘法

情况下，下摆处起翘和前袖窿深开的方法配合使用，适用于较宽松、平整感强的服装（见图4-7）。

（5）撇胸法　对于开放式领型、或前中心处有分割线造型或开襟的合体服装，常用撇胸的方法隐蔽地解决腹凸问题。其做法是以原型的前腰节点为圆心逆时针旋转衣片，在领口处增宽0.5～0.7cm，其原理是将肚省由侧缝转移至前中心线（见图4-8）。

（6）综合法　在童装设计中，前衣身为了美观性一般不采用收省的形式，腹凸常通过上述几种方法的综合运用来解决，使其达到适合儿童体型的目的。

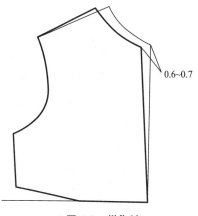

0.6~0.7

▲图4-8　撇胸法

2. 原型运用过程中对围度的处理

童装原型本身的结构适合制作一些较为宽松、简单的服装款式，如松身的衬衫、简单的外衣等。对一些合体的服装款式进行结构设计时，一般需要对原型围度做缩减处理，同时袖的结构也要做相应的调整，以符合服装款式的需要（见图4-9）。

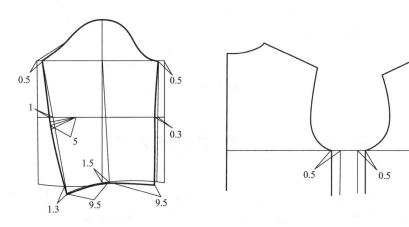

▲图4-9　胸围和袖子的缩减

当内层衣物或外衣面料较厚重时，在原型的基础上要对围度做加放处理，来适合结构的需要。加放的主要部位有胸围、袖窿深、后肩线和领窝宽，同时，袖子的结构也应配合袖窿宽度、深度的变化而变化（见图4-10）。

对于造型宽松的服装，其围度的放松量可以灵活掌握，胸宽、背宽、肩宽都可以依据款式适当增加，同时袖窿的形态会趋于窄长形，而袖山也应配合衣身向宽松型发展（见图4-11）。

综上所述，在童装原型的运用过程中，可借鉴女装原型结构的处理方法来进行款式的变化，只是需要注意到，童装的变化量要小一些、保守一些，因为童装的造型不如女装那样夸张和鲜明，围度的缩减量也很有限，一定要符合儿童的生长发育和活泼好动的特点。

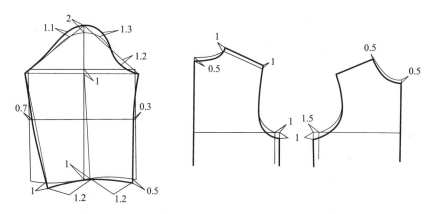

▲图 4-10　厚料衣身和袖的加放

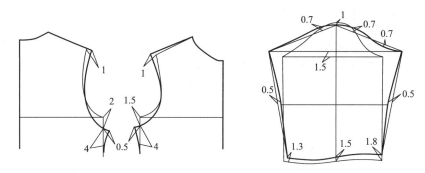

▲图 4-11　宽松服装衣身和袖的加放

第二节　童装款式结构制图

　　前面对儿童的体型特征进行了分析，同时对儿童原型的制作、使用有了一定的了解。下面通过对各个时期儿童服装款式的介绍，来进一步加强对儿童整体结构设计进行分析的能力。儿童服装标准尺寸见表 4-2。

表 4-2　儿童服装标准尺寸　　　　　　　　　　　　　　　　　单位：cm

年龄	1	2	3	4	5	6	7	8	9	10	11	12	13
背长	19	20	21.5	23	24	25	26.5	28	29	30	31.5	33	34
肩宽	23	24	25	26	27	28	29	30	31	32	33	33.5	34
胸围	48	50	52	54	56	58	60	62	64	66	68	70	72
腰围	47	48	50	51	52	53	54	55	56	58	6	62	64
臀围	48	50	52	54	57	60	63	66	69	72	75	78	81
领围	27	27.5	28	29	29.5	30	30.5	31	32	32	33	33.5	34
袖长	24	27	30	32	34	36	38	40	42	44	46	48	50
腕围	18	18.5	19	2	20.5	21	22	22.5	23	24	24.5	25.5	26
头围	47	48	49	50	51	51	52	52	53	53	54	54	55
股上长	20	20.5	21	21	21.5	22	22	22.5	23	23	23.5	24	24
裤长	45	49	53	56	60	64	67	70	70	78	82	86	89

一、婴儿期服装

婴儿期的服装几乎不受流行的影响，保护婴儿的身体是第一目的。款式以方便穿脱，缝纫部位少为特点，服装的后片为整片设计，以免产生不舒适的感觉。

1. 婴儿服（见图4-12）

（1）款式风格　前襟宽大的重叠量用于保护婴儿的肚脐；和尚领的设计用来适应婴儿较短的脖颈；连袖设计使缝线少且易于活动。

（2）适用年龄　刚出生～1岁。

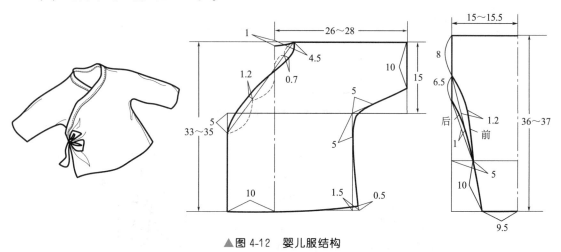

▲图4-12　婴儿服结构

2. 婴儿睡袋（见图4-13）

（1）款式风格　连帽设计，下部考虑保暖性有20cm的重叠量，是婴儿外出及睡眠用的服装。

（2）适用年龄　刚出生～1岁。

二、幼儿期服装

幼儿期服装款式的基本要求是美观大方，便于儿童活动，以不影响幼儿的生长发育为主要目的。

1. 连身衣（见图4-14）

（1）款式风格　满足幼儿肚子较大的体型特征，起到很好保护肚脐作用的同时，既有利于幼儿活动，又方便其穿脱。

（2）适用年龄　1岁左右。

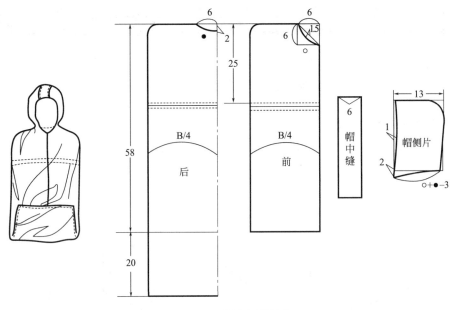

▲图 4-13　婴儿睡袋结构

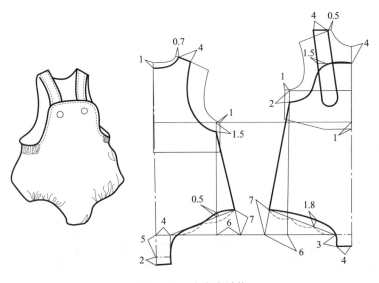

▲图 4-14　连身衣结构

2. 背带裤（见图 4-15）

（1）款式风格　腰围处绱松紧带，前片设计挡胸的背带裤，侧缝处设计开口方便穿脱，裤口收小碎褶，适合幼儿户外活动时穿着。

（2）适用年龄　2～4岁。

（3）结构制图

① 上裆长加深2cm，是为了动作灵活方便，穿着舒适。

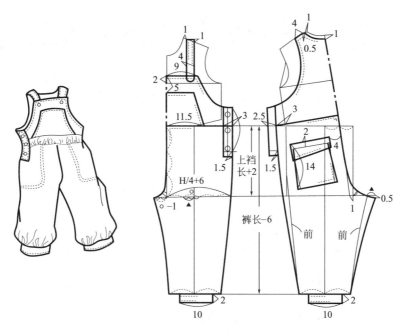

▲图 4-15　背带裤结构

② 后裤片的制图是在前裤片制图的基础上绘制的，臀围处的松量，依据款式、爱好来加放。

3. 女童短裙（见图 4-16）

（1）款式风格　衣片腰围处收省，裙片增加褶量，在腰围处抽碎褶设计，活泼可爱，适合幼儿户外活动时穿着。

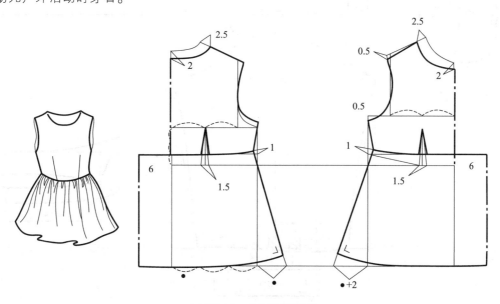

▲图 4-16　女童短裙结构

（2）适用年龄　3～4岁。

三、学童期服装

这一时期的儿童服装款式要求整齐、美观、大方、简单，应避免过于华丽、繁琐的装饰和个性化设计。由于此时儿童具备穿脱衣服的能力，上装设计多采用开口的形式。面料要求耐磨易洗，色彩搭配要和谐。

1. 男童衬衫（见图4-17）

（1）款式风格　衬衫是儿童贴身穿的服装，前衣片胸部贴胸袋，肩部进行育克分割处理，后衣片增加褶量，穿着舒适自然。

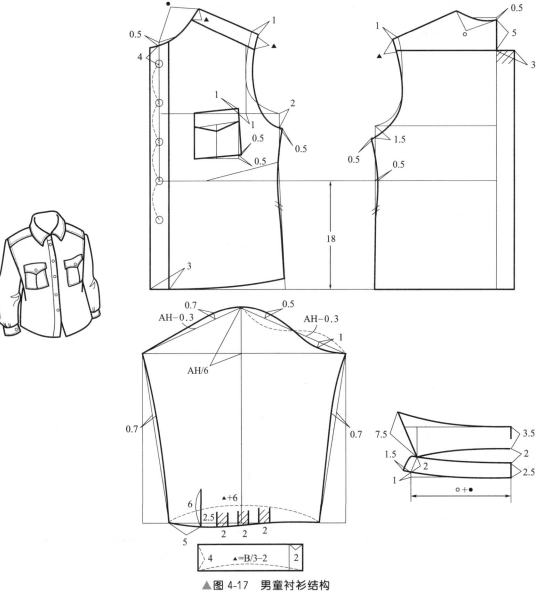

▲图4-17　男童衬衫结构

（2）适用年龄 5～6岁。

（3）结构制图

① 后片腰围线与前片放低量的水平线对齐，向下延长穿着的长度。

② 后袖窿向下深开1.5cm，前袖窿向下深开2cm，前片下摆处增加起翘，保证前后侧缝线等长的同时，满足穿着的舒适度。

③ 肩宽增大，根据袖头尺寸确定袖口的大小，在袖原型的基础上变化。

2. 女童衬衫（见图4-18）

（1）款式风格 平领是童装中常见的领型款式，袖口处收碎褶，直身下摆。

（2）适用年龄 5～6岁。

（3）结构制图

① 后片腰围线与前片放低量的水平线对齐，向下延长穿着的长度。

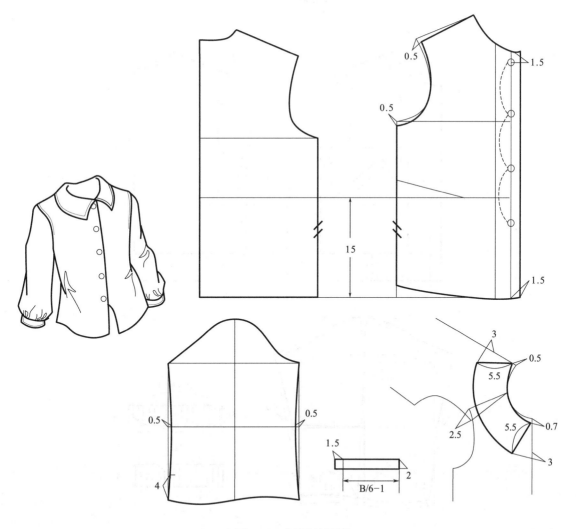

▲图4-18 女童衬衫结构

②前肩端点上提 0.5cm ，前袖窿向下深开 0.5cm，下摆处增加起翘，保证前后侧缝线等长的同时，满足穿着的舒适度。

③前后衣片在肩端点处重合 2.5cm，根据领口弧线设计平领的大小。

3. 夹克衫（见图 4-19）

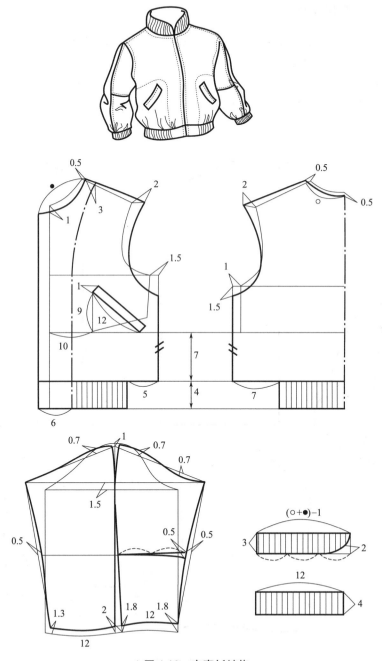

▲图 4-19　夹克衫结构

（1）款式风格　夹克衫是儿童常穿的外套服装，胸围和袖窿宽松，便于运动。单片开单嵌线口袋，缉明线装饰，领子、袖口、下摆使用有弹性的罗纹针织。

（2）适用年龄　4～5岁。

（3）结构制图

① 在原型的基础上，增大前后肩宽和领口围的大小，后片胸围增大1cm，袖窿向下深开1.5cm，前片胸围增大1.5cm。

② 后片腰围线与前片放低量的水平线对齐，向下延长穿着的长度，保证前后侧缝线等长，将前袖窿向下深开。

③ 袖子比原型的袖山高降低1.5cm，袖中线、前袖肘线处作分割设计，在前袖底缝线与袖肘线的交点处重叠0.5cm，并使前后袖底缝线相等。

4. 短裤（见图4-20）

（1）款式风格　侧缝处挖约克式口袋，后片采用横向分割，并装有贴袋，缉明线装饰，穿脱方便。

（2）适用年龄　8～9岁。

（3）结构制图

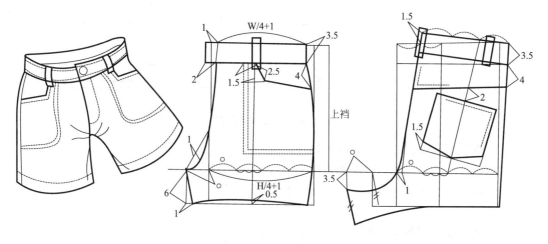

▲图4-20　短裤结构

① 短裤后片的制图，基本上是在前片制图的基础上绘制的。

② 臀围的松量，依据面料或穿着喜好适当加减。

③ 后裤片落裆量3.5cm，侧缝下摆与下裆不在同一水平线上，侧缝下摆向上抬，是为了适合腿部的运动。

四、少年期服装

进入少年时期，自我意识逐渐加强。这一时期服装款式要求新颖、富有个性，以能很好地表现少年朝气蓬勃的气质为主旋律。

1. 短裤裙（见图4-21）

（1）款式风格　该裤裙腰部合体，前后片均采用横向分割，后片贴明袋，用明线装饰，裤口宽大类似裙装款式。

（2）适用年龄　10岁左右。

（3）结构制图

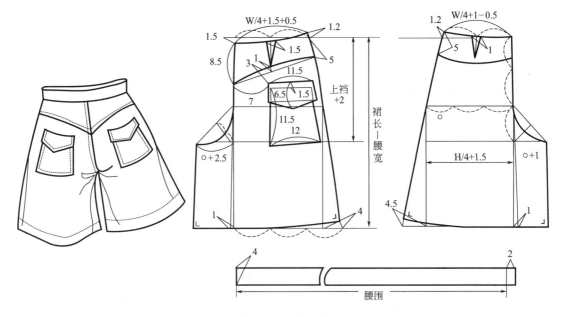

▲图4-21　短裤裙结构

① 首先绘制前片，在前片基础上再绘制后片。

② 侧缝处向外增加摆款，采取斜裙的造型。

③ 上裆尺寸适当增加，保证穿着的舒适性。

2. 女童大衣（见图4-22）

（1）款式风格　小翻领箱形大衣，贴袋加袋盖，前后衣片有过肩分割，袖口加装饰带，后中心设计活褶增加松量，并以明线装饰。

（2）适用年龄　11～12岁。

（3）结构制图

① 后中心线处增加0.5cm，前中心线处增加0.7cm的量，侧缝处前后片均向外增加2cm，作为补充穿着时胸围度的量，以提高舒适度。

② 后片腰围线与前片放低量的水平线对齐，向下延长穿着的长度，前袖窿向下深开4cm，后袖窿向下深开3cm，并保证前后侧缝线等长。

③ 袖窿要考虑到机能性，因此不易开得过深。袖片在原型的基础上袖山高降低1cm。

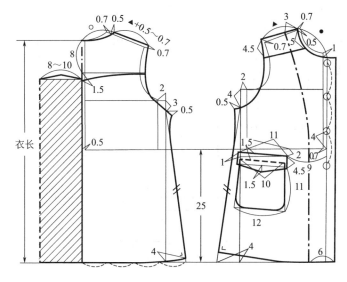

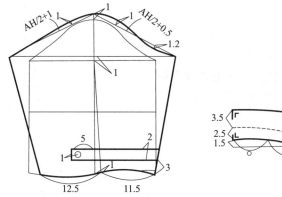

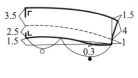

▲图 4-22 女童大衣结构

3. 儿童长裤（见图 4-23）

（1）款式风格　牛仔裤风格，前侧缝处设计挖袋，后裤片进行横向分割，装贴袋，裤口贴边，适合幼儿户外活动时穿着。

（2）适用年龄　8～10岁。

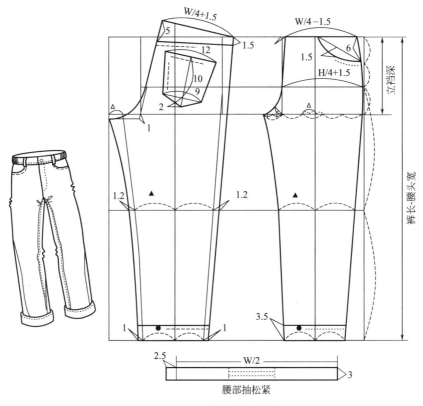

▲图 4-23　儿童长裤结构

思考与练习

1. 儿童体型与成人体型有哪些区别？

2. 童装结构设计中原型使用的处理方法有哪些？

3. 男、女童的体型特征各是什么？

第五章　针织服装结构制图

- 第一节　针织服装概述
- 第二节　针织服装结构制图

学习目标

1. 初步了解针织服装的分类方法；
2. 熟悉针织面料和针织结构制图的特点；
3. 掌握针织内衣和外衣的一般制图方法及其应用。

随着科技的进步，经济的高速增长，人们生活水平和文化品位日益提高，着装方式也发生了新的变化，即人们着装由最初的注重保暖、实用到崇尚自然、休闲、运动，强调拥有既舒适合体、随意自然又能在时尚感和艺术效果上更为完美、品质更高、艺术感更强的服装，可见服装对人们生活的影响越来越大。纵观国内外众多的服装服饰博览会，那些花色多样、质感细密柔和、肌理变化丰富的各种衣料给人带来了前所未有的视觉冲击。在这变化多样的服装中，最具有视觉冲击力的就是针织服装，针织服装是服装界中独树一帜的奇葩，是一个极具发展潜力的服装品种。在家居、休闲、时尚、运动等服装方面具有独特优势，而且随着现代针织服装的发展，针织面料更加丰富多彩，逐步进入多功能性和高品质的发展阶段，无论从所采用的原料，织物的组织结构，产品的品种和款式，以及装饰手法的设计等方面，都发生了根本性的变化。尤其是现在，随着科技的发展及内衣外穿的流行趋势，针织服装穿着范围越来越广，穿着形式也越来越多样，打破了以往只作配角的形象。特别是对于服装专业的学生，有必要了解和接触针织服装，掌握针织服装的一般结构制图方法。

第一节 针织服装概述

针织服装是指以针织面料为主要材料制作而成或用针织方法直接编织而成的服装。作为服装范畴的针织服装是服装的重要分支，它既具有服装的一般特性，即功能性和装饰性；又具有其自身的个性。针织服装以其柔软、贴体、舒适、富有弹性等优良性能形成了特有的风格。

近几十年，我国针织服装工业发展比较快。不仅由生产针织内衣发展到针织外衣，而且针织服装品种更加丰富，更加追求健康环保。针织服装在家居、休闲、运动服装方面具有独特优势，随着针织工艺设备和染整后处理技术的不断发展以及原料应用的多样化，现代针织物更加丰富多彩，而且设备更加崇尚人性化。现在针织服装的设计与开发在整个服装业中已占有相当重要的地位，并有着广阔的发展前景和巨大商机，是我国服装出口创汇的生力军。

一、针织服装的分类

1. 按针织服装穿用层次

按针织服装穿用层次可分为针织内衣和针织外衣两大类。

（1）针织内衣 所谓针织内衣，是指用针织面料制作而成，并穿在最里层的贴身服装的总称。针织内衣被消费者称为"第二皮肤"，是纺织服装市场最受欢迎的服装品种之一。内衣根据功能的不同，可分为普通内衣、装饰内衣、补整内衣和健身内衣四大类。普通内衣主要是保湿、吸汗、保护人体以及增加外衣的卫生性；装饰内衣主要是能够衬托及装饰外衣；补整内衣是指能够弥补人体缺陷，调整人体体型和增加曲线美；健身内衣主要是健身时穿用，能够充分显示女性优美的曲线，以上内衣均可以采用针织面料制作而成的。

（2）针织外衣 针织外衣是穿着于人体外部的一类服装。种类繁多，主要分为针织运动服装、针织休闲服装、针织时装等。利用针织面料的特性制成各种不同的款式造型。

2. 按针织服装生产方式分类

根据针织服装生产方式的不同，可分为成形针织服装和非成形针织服装两类。

（1）成形针织服装 成形针织服装是指根据工艺要求，采用放针和收针工艺来达到服装各部位所需的形状和尺寸。将纱线在针织机上编织后不用进行裁剪，只需简单缝制即可成衣。

目前，在成形针织服装生产中适用比较普遍的是电脑横机。电脑横机具有全成形编织功能，即能像手工编织一样收针放针，可以结合服装平面裁剪的原理编织出更加合体的服装。无缝针织服装正迅速兴起，产品不仅涉及内衣市场，而且正向外衣、运动装、毛衣、连身衣及户外针织服装等方向发展。产品不仅易穿，而且非常舒适，款式也越来越贴近时装潮流。

（2）非成形针织服装 非成形针织服装是指将针织坯布按照款式要求设计的样板和排料方法裁剪成各种衣片，再经缝制加工而成的服装。如罗纹圆领衫、T恤衫、三角裤及各种运动服等。本章主要讲述这一类针织服装的结构制图。

二、针织面料的特点

现代针织面料是由早期的手工编织演变而来的。针织面料是服装材料中富有个性的一类。针织面料不是由经纱和纬纱相互垂直而成的，而是纱线单独地构成线圈，再经线圈串套而成的。与机织面料相比，针织面料的手感弹性好，透气性强，穿着舒适轻便。针织面料的主要性能如下。

1. 拉伸性与弹性

针织面料在受外力拉伸时，具有尺寸改变的特性。当引起针织面料变形的外力去除后，针织面料回复原来形状的能力为弹性。针织面料的弹性不仅使针织服装穿着方便，而且还为制作紧身或合体的针织服装提供了物质条件。针织服装手感柔软，富有弹性，穿着适体，能显现人体的曲线，又不妨碍身体运动。在排料、裁剪、缝制、整烫等工序中要特别注意针织面料的拉伸性和弹性。操作中，用力要均匀，切勿生拉硬拽，以免改变服装成品规格尺寸，影响穿用。

2. 透气性

针织面料的线圈结构形成很多空隙，能够保存较多的空气。因而保暖性、透气性、吸湿性都比较优良，使服装穿着时具有舒适感。

3. 卷边性

卷边性指针织面料因边缘线圈内应力的消失而造成的边缘织物包卷现象。纱线越粗，弹性越好，线圈长度越短，面料的卷边性也越明显。衣片拼接后会造成接缝处不平整，最终影响服装的整体效果和规格尺寸，一般在缝制工艺上多采用双针绷缝。但并不是所有的针织面料都具有这种特性，双面针织物则基本上不存在卷边问题。

4. 脱散性

针织面料的纱线断裂造成线圈失去串套连接能力，使线圈与线圈发生分离易脱散。由于针织面料具有脱散性，在结构设计时尽可能不设计省道、分割线，以免影响服装的实用性。

5. 勾丝与起毛、起球

针织面料在碰到坚硬的物体时，纱线会被勾出的现象称为勾丝；在穿着洗涤过程中不断受到摩擦，纱线的表面纤维出现绒毛现象称为起毛；当起毛的纤维不能及时脱落，相互纠缠在一起形成许多球状小粒，则为起球现象，这三种现象都会影响针织面料的外观。所以在针织服装的生产过程中要特别注意。

6. 自然回缩性

针织面料裁剪成衣片后，在缝制与穿着过程中会产生纵横不同程度的收缩变化称为自然回缩性，其回缩率一般在2%左右。回缩率是针织面料的重要特性。为确保成品规格尺寸的准确，针织服装结构制图时必须考虑针织面料自然回缩率的特性。

三、针织服装结构制图的特点

1. 放松量的设计

服装成衣生产在制定成品规格尺寸前，需要加放松量。放松量是满足人体正常呼吸所必需的生理放松量和为满足人体运动而设计的运动放松量。当然在结合款式，根据穿着层次的需要再加放款式的放松量，在进行针织服装的设计制作时，都必须要考虑。针织面料具有良好的弹性，在样板设计时，针织服装的放松量应比机织服装小。

比如用一般弹性的针织面料制作的合体服装，围度的放松量可比机织物小6cm左右，设计紧身泳装、健美服等贴身服装的样板时，不仅不加放松量，反而要减少放松量，即成品的规格尺寸要小于人体净尺寸。具体放松量的大小应根据针织面料的弹性大小和服装的造型程度来确定。再比如用不同弹性系数的针织面料制作紧身贴体服，低弹性面料应设少许放松量，中弹性面料可不设放松量，高弹性面料的放松量应设为负值。针织面料还具有极好的悬垂性，易导致长度增加而宽度缩小。例如在制作长裙时，则应将裙片围度适当放宽，长度适当放短一些。

2. 省道及分割线设计

针织面料因其具有良好的伸缩性、脱散性。在样板设计时可最大限度地趋于简洁，尽可能地不用或少用省道和分割线，而且一般也不宜采用推、归、拔、烫等结构造型的工艺处理，因为缝合后的省道容易造成成品外观不平服，分割拼合处硬挺无弹性，呈现凹凸不平，既破坏了针织服装自然、柔软、舒适、富有弹性的特点，又破坏了其简洁柔顺的造型。在进行针织服装结构制图时，可以利用针织面料本身的弹性或适当利用作褶的造型来塑造人体曲线。

3. 针织服装的边口处理

由于针织面料具有脱散性、卷边性和弹性，因此针织服装边缘部位的设计具有独特性。边口的设计常采用罗纹饰边，由于具有良好的弹性可以起到收紧的作用，也可以采用滚边处理。有些服装设计师就是利用了针织面料的卷边性，在针织服装的领口、袖口进行设计，从而使针织服装具有特殊的风格。

4. 拼裆设计

针织内裤的裆部一般采用拼裆设计，多为双裆结构。拼裆的目的是为了适应臀部的形态，调节裤子横裆处的松紧，把裆缝分散均匀受力并起加固作用，同时结合针织面料的工艺特点，对方便排料节约用料有一定的作用。针织服装的缝缉线宜稍稀，一般控制在每厘米10～12针。通常采用五线或四线包边机缝制，使缝缉的线迹富有弹性。

第二节　针织服装结构制图

一、针织内衣结构制图

针织内衣结构制图一般不适宜采用净样板制图，而是采用毛样板制图。所谓净样板是指直接用成品的规格尺寸制图而形成的板型，毛样板是用成品规格尺寸加缝耗、自然回缩等因素制图而形成的板型，可以直接用于排料裁剪。在设计样板各部位的制图尺寸时，要充分考虑影响样板尺寸的各种因素。

第一，针织面料具有自然回缩性，回缩量的大小由面料的原料种类、组织结构、加工工艺方法以及后整理的方式等因素决定。为了保证成品尺寸的稳定性，所以在制图前要计算自然回缩量。表5-1是几种常用的针织面料自然回缩率，仅供参考。

表5-1　常用的针织面料自然回缩率

坯　布　类　别	自然回缩率/%	坯　布　类　别	自然回缩率/%
精漂汗布	2.2～2.5	双纱布、汗布(包括多三角机织物)	2.5～3
腈纶汗布	3	深浅全棉毛布	2.5左右
本色棉毛布	6左右	罗纹弹力布	3左右
纬编提花布	2.5左右	绒布	2.3～2.6
经纬编布	2.2左右	经纬编布(网眼织物)	2.5左右
印花布	2～4	腈纶、棉交织棉毛布	2.5～3

第二，因为针织面料具有脱散性，使得针织服装需要根据不同部位选择合适的线迹类型，即选用各种不同的缝纫设备。不同的缝纫设备所形成的线迹不同，导致缝纫损耗不同，因此在样板的不同部位要加放的缝耗量也不同。表5-2为常用缝合方式所规定的不同缝耗，仅供参考。

表5-2　常用缝合方式及缝纫损耗　　　　　　　　　　　　　　单位：cm

缝 合 方 式	缝 纫 损 耗	缝 合 方 式	缝 纫 损 耗
包缝缝边(单层)	0.75	包缝合缝(双层)	0.75～1
包缝底边	0.5～0.75	包缝合缝(转弯部位)	1.5
双针、三针折边	0.5	双针、三针合缝(拼缝)	0.5
平缝机折边(棉毛布汗布)	0.75～1	平缝机折边(如背心三围折边)	1.25～1.5
平缝机折边(绒布)	1	平缝机领脚折边	0.75～1
松紧带折边宽1.5cm折边1cm	2.5	滚边(实滚)	0.25
厚绒布折边	0.125～0.25		

第三，针织面料具有拉伸性和悬垂性，采用轻薄、柔软、伸缩性好的针织面料制成的服装穿着时，由于下垂的原因会使服装的长度变长，而宽度变窄。因此，在进行样板设计时，样板宽度方向的尺寸应适当放大，而样板长度方向的尺寸则应适当减少。

综上所述，样板制图规格＝(成衣规格±款式±边口尺寸±缝纫损耗)×(1＋自然回缩率)。在进行样板设计时，应该首先设计好缝制工艺，然后确定缝耗，计算自然回缩量及其他影响因素的数值，最后得出样板的制图尺寸。

1. 罗纹女式三角裤

（1）款式特点 罗纹女式三角裤的腰和裤口均采用罗纹缝制，面料采用纯棉汗布，贴身穿着，自然舒适。裤口采用实滚包边，起到封边的作用。腰罗纹采用双针虚滚，缝耗为 0.5cm，内夹松紧带；绱裤口罗纹采用三线包缝，合侧缝，前后片在底裆外缝合，前后裆内衬夹层采用双针或三针机缝制（见图 5-1）。

▲图 5-1 罗纹女式三角裤

（2）成品规格及测量部位 表 5-3 中为罗纹女式三角裤成品规格。

图 5-2 为罗纹女式三角裤测量部位的方法。

（3）样板完成图 该款为左右对称型，样板只需设计一半（见图 5-3）。

表 5-3 罗纹女式三角裤成品规格　　　　　　单位：cm

序号	部位名称	成品规格			序号	部位名称	成品规格		
		S	M	L			S	M	L
1	直裆	33	35	37	5	罗纹边宽	2.5	2.5	2.5
2	横裆	40	44	48	6	底裆	11	12	13
3	腰宽	27	29	31	7	腰边宽	2.5	2.5	2.5
4	裤口	23	24	25	8	腰差	3	3	3

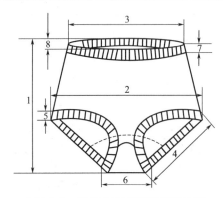

▲图 5-2 罗纹女式三角裤测量方法

（4）制图尺寸计算方法 以 M 号罗纹女式三角裤为例进行计算说明。由缝纫工艺得知：采用三线包缝、四线合缝，缝耗为 0.75cm；虚滚重叠部分宽为 1cm；汗布的自然回缩率为 2.2%（见表 5-4）。

表 5-4 罗纹女式三角裤 M 号制图尺寸　　　　　　单位：cm

前	片	后	片	前后裆夹层	
后直裆	35	前直裆	32	前裆长	12.5
横裆	46.5	横裆	46.5	后裆长	13.5
裤口	24.25	裤口	24.25	样板底裆宽	10.5
实际底裆	12.5			样板实际底裆宽	12.5

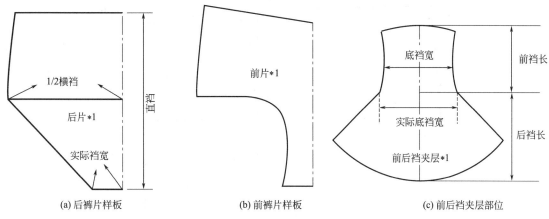

(a) 后裤片样板　　　　　　　(b) 前裤片样板　　　　　　　(c) 前后裆夹层部位

▲图 5-3　罗纹女式三角裤样板完成结构

① 后裤片制图尺寸

后直裆制图尺寸＝(成品直裆尺寸－腰边宽＋虚滚重叠宽度＋合底裆缝耗)×(1＋自然回缩率)

　　　　　　　　＝(35－2.5＋1＋0.75)×(1＋2.2%)＝35（cm）

横裆制图尺寸＝成品横裆尺寸＋缝耗＋回缩量＝44＋1.5＋1＝46.5（cm）

裤口制图尺寸＝成品裤口尺寸＋合侧缝缝耗＋合底裆缝耗－滚边缝耗－拉伸扩张

　　　　　　　＝24＋0.75＋0.75－0.75－0.5＝24.25（cm）

根据裤子特点：一般实际底裆宽比成品规格大 2～3cm，因此实际底裆制图尺寸＝成品底裆尺寸＋2cm－滚边缝耗×2＝12＋2－0.75×2＝12.5（cm）。

② 前裤片制图尺寸

前直裆尺寸＝后直裆尺寸－腰差＝35－3＝32（cm）

前裆底宽制图尺寸＝成品底裆尺寸－滚边缝耗×2＝12－1.5＝10.5（cm）

③ 前后裆夹层及制图尺寸

前裆长制图尺寸＝成品前裆长尺寸＋绱裆缝耗＝10＋0.5＝10.5（cm）

后裆长制图尺寸＝成品后裆长尺寸＋绱裆缝耗＝13＋0.5＝13.5（cm）

样板底裆宽制图尺寸＝10.5cm，实际底裆制图尺寸＝12.5cm

(5) 样板制图步骤

① 进行后片制图 [见图 5-4(a)]。

a. 作矩形 ABCD，取 AB＝1/2 横裆尺寸，BC＝后直裆尺寸；

b. 在 CD 线上取 CE＝1/2 实际底裆尺寸；

c. 以 E 为圆心，以裤口尺寸为半径画弧交 AD 于 F 点；

d. 在 AB 线上取 AG＝1.5cm，弧线画顺 GF；

e. 勾画轮廓线 BCEFGB 为后裤片样板，BC 为中线，CE 为底裆线，EF 为裤口线，FG 为侧缝线，GB 为腰口线。

② 进行前片制图 [见图 5-4(b)]。

a. 前裤片样板可在后裤片样板的基础上制作，所以先绘制后片裤片样板；

b. 在 CE 上取 CH＝1/2 样板底裆宽＝5.25cm，并过 H 作 BC 平行线 HI；

c. 过 F 点作 CD 的平行线与 HI 交于 I 点；

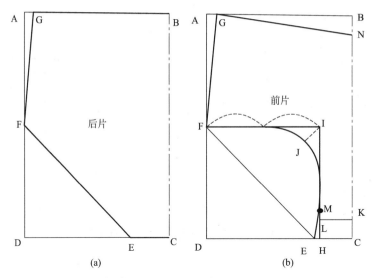

▲图5-4 罗纹女式三角裤前、后片结构

d. 取角 FIH 的角平分线，在线上取 IJ = 3～4cm；

e. 在 CB 线上取 CK = 3cm，作 KL 平行于 CE 且 HI 交于 L 点，在 HI 线上取 LM = 1cm；

f. 弧线画顺前裤口，弧线经过 E 点、M 点、J 点并和 FI 的中心相切；

g. 在 BC 线上取 BN = 3cm，弧线画顺 GN 为腰口弧线；

h. 勾画轮廓线，NCEMJFGN 为前裤片。

③ 前后裆夹层制图。前后裆夹层因为位于前后裤片上，所以必须在前后裤片上配画才能准确。

a. 拓印前后裤片的样板（见图5-5）；

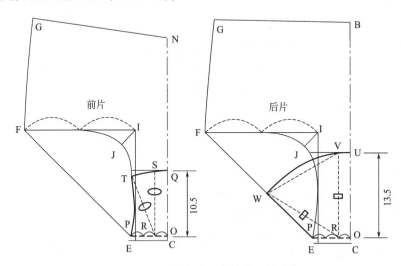

▲图5-5 罗纹女式三角裤前后裆结构

b. 由于夹层是前后裤裆为一整片，所以不用加放缝耗，由 CE 向上 0.75cm 作平行线 OP；

c. 由 OP 向上量前裆 10.5cm，作平行线交 NC 于 Q 点，取 OP 的三等分点 R 为圆心，

OQ 为半径画弧交前裤口于 T 点并相切于 S 点。TSQOPT 为前底裆；

 d. 在后裤片上由 OP 向上量后裆长 13.5cm 作平行线交 BC 于 U 点，取 OP 的三等分点 R，以 R 为圆心，OU 为半径，画弧交后裤口 FP 为 W 点并相切于 V 点 WVUOPW 为后底裆；

 e. 前后底裆以 OP 线相对组成完整一片（见图 5-6）。

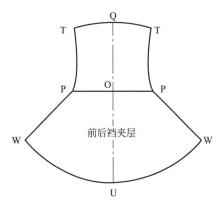

▲图 5-6　罗纹女式三角裤前后裆完整结构

2. 男式三角裤

（1）款式特点　该款男式三角裤，裤腰边内夹松紧带；裤两侧合缝，前裤片为两片，后裤片为一片，裆设开口，裤口、裤裆采用同色罗纹、穿着方便、舒适（见图 5-7）。

（2）成品规格及测量部位　表中为男式三角裤成品规格（见表 5-5）。

图 5-8 为男式三角裤测量部位及方法。

▲图 5-7　男式三角裤

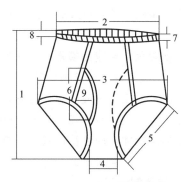

▲图 5-8　男式三角裤测量

表 5-5　男式三角裤成品规格   单位：cm

序号	部 位 名 称	成 品 规 格			序号	部 位 名 称	成 品 规 格		
		S	M	L			S	M	L
1	直裆	31	33	35	6	裆开口	12	13	14
2	腰口	27	29	31	7	腰边宽	3	3	3
3	横裆	40	45	50	8	前后腰差	3	3	3
4	底裆	11	12	13	9	裆开口弧度	4	4	4
5	裤口	19	20	21					

（3）样板完成图　该款从结构上可以分解成多块样板（见图5-9）。

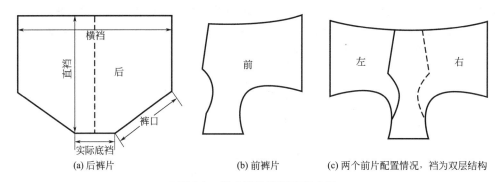

(a) 后裤片　　　　　　　(b) 前裤片　　　　(c) 两个前片配置情况，裆为双层结构

▲图5-9　男式三角裤样板完成图

（4）制图尺寸计算　以M号男式三角裤为例计算制图尺寸，由于采用三线包缝机，缝耗为0.75cm，腰缝耗为0.5cm，裤口、裆开口实滚缝耗为0.25cm，汗布自然回缩率为2.2%（见表5-6）。

表5-6　罗纹男式三角裤M号制板尺寸　　　　　　　　　　单位：cm

后　裤　片		前　裤　片	
后直裆尺寸	38	前直裆尺寸	35
横裆尺寸	47.5	横裆尺寸	47.5
实际底裆尺寸	13.5	底裆尺寸	11.5
裤口尺寸	21	裆开口长	14
		裆开口弧度	4.25
		前重叠	9

① 后裤片制图尺寸

后直裆制图尺寸=（成品直裆尺寸+腰边宽+绱腰缝耗+合裆缝耗）×（1+自然回缩率）

$$=（33+3+0.5+0.75）×（1+2.2\%）=38（cm）$$

横裆制图尺寸=成品横裆尺寸+回缩量（一般取2.5cm）

$$=45+2.5=47.5（cm）$$

根据裤子特点：一般实际底裆宽比成品规格大2～3cm，因此实际底裆制图尺寸=成品底裆尺寸+2-滚边缝耗×2=12+2-0.25×2=13.5（cm）

裤口制图尺寸=成品裤口尺寸+合侧腰缝耗+合底裆缝耗-滚边缝耗×2

$$=20+0.75+0.75-0.25×2=21（cm）$$

② 前裤片制图尺寸

前直裆制图尺寸=后直裆制图尺寸-3=35（cm）

裆开口制图尺寸=成品裆开口尺寸+拼裆缝耗×2=13+0.5×2=14（cm）

底裆制图尺寸=成品底裆规格-滚边缝耗×2=12-0.25×2=11.5（cm）

裆开口弧度制图尺寸=成品裆开口弧度+滚边缝耗=4+0.25=4.25（cm）

（5）制图步骤

① 进行后裤片制图（见图5-10）。

a. 作矩形ABCD，使AB=横裆尺寸，BC=后直裆尺寸；

b. 取EF=实际底裆尺寸，并以中虚线平分；

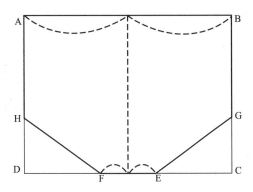

▲图 5-10　男式三角裤后裤片制图

c. 取 FH = EG = 裤口尺寸；

d. 连接 ABGEFHA 为后裤片轮廓线。

② 进行前裤片制图［见图 5-11(a)、(b)］。

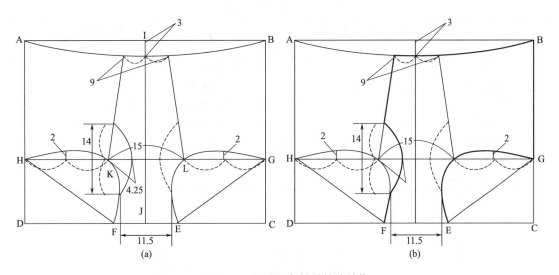

▲图 5-11　男式三角裤前裤片结构

a. 在后裤片的基础线上，按图 5-11(a) 绘制；

b. 一般取 KL = 14～16cm，并以中线 IJ 平分；

c. 前裤片左右重叠部分在腰口为 9cm，并以中线 IJ 平分；整个裆为重叠部分；

d. 弧线连接轮廓线，完成制图［见图 5-11(b)］。

3. 拼裆裤

(1) 款式特点　该款拼裆裤的腰口、裤口绱罗纹，前裆开口（见图 5-12）。

(2) 成品规格及测量方法　表中为拼裆裤成品规格（见表 5-7）。图为拼裆裤测量部位及方法（见图 5-13）。

(3) 样板完成图　该款为左右对称型，样板只需设计一半（见图 5-14）。

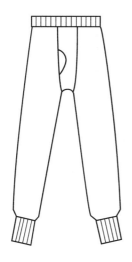

▲图 5-12　拼裆裤

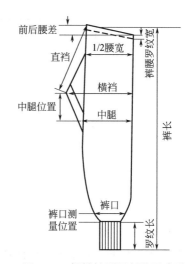

▲图 5-13　拼裆裤测量部位及方法

表 5-7　拼裆裤成品规格　　　　　　　　　　　单位：cm

序号	部　位	成　品　规　格			序号	部　位	成　品　规　格		
		S	M	L			S	M	L
1	裤长	95	100	105	8	裤口宽	13	14	15
2	直裆	34	35	36	9	前后腰差	3	3	3
3	腰宽	45	50	55	10	裤口测量位置	5	5	5
4	横裆	27	30	33	11	裤腰罗纹宽	3	3	3
5	中腿部位	9	10	11	12	裆开口	12	12	12
6	中腿宽	22	24	26	13	裆开口位置	10	11	12
7	裤口罗纹长	7.5	7.5	7.5					

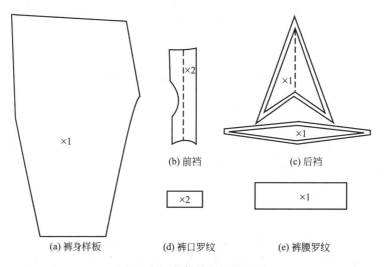

(a) 裤身样板　　(b) 前裆　　(c) 后裆　　(d) 裤口罗纹　　(e) 裤腰罗纹

▲图 5-14　拼裆裤样板完成图

（4）制图尺寸计算　以 M 号拼裆裤为例进行计算说明。由缝纫工艺得知：采用三线包缝、四线合缝；缝耗为 0.75cm；绲腰缝耗 0.5cm；汗布的自然回缩率为 2.2%，表中为制图尺寸（见表 5-8）。

表 5-8　M 号拼裆裤制图尺寸　　　　　　　　单位：cm

序号	部　位	M 号制图尺寸	序号	部　位	M 号制图尺寸
1	裤长	92.7	7	裤口宽	15
2	直裆	33	8	裆开口位置	11.8
3	腰宽	52.5	9	裤口测量位置	5.75
4	横裆	31.75	10	裆开口	12.5
5	中腿宽	25.25	11	腰口罗纹宽	7
6	裤口罗纹长	16.5			

裤长制图尺寸 =（成品裤长 － 裤口罗纹长 － 裤腰罗纹宽 ＋ 绲腰缝耗 ＋ 裤口缝耗）×（1 ＋ 自然回缩率）

　　　　　　　　 =（100 － 7.5 － 3 ＋ 0.5 ＋ 0.75）×（1 ＋ 2.2%）= 92.7（cm）

直裆制图尺寸 =（成品直裆尺寸 － 裤腰罗纹宽 ＋ 绲腰缝耗）×（1 ＋ 自然回缩率）

　　　　　　　　 =（35 － 3 ＋ 0.5）×（1 ＋ 2.2%）= 33.2（cm）

腰宽制图尺寸 = 成品腰宽 ＋ 两侧合缝缝耗 ＋ 回缩量（一般取 1cm）

　　　　　　　　 = 50 ＋ 1.5 ＋ 1 = 52.5（cm）

横裆制图尺寸 = 成品横裆尺寸 ＋ 合裆缝耗 ＋ 回缩量（一般取 1cm）

　　　　　　　　 = 30 ＋ 0.75 ＋ 1 = 31.75（cm）

中腿宽制图尺寸 = 成品中腿宽尺寸 ＋ 合缝缝耗 ＋ 回缩量（一般取 0.5cm）

　　　　　　　　 = 24 ＋ 0.75 ＋ 0.5 = 25.25（cm）

裤罗纹长制图尺寸 =（成品裤罗纹长 ＋ 绲罗纹缝耗）× 2

　　　　　　　　 =（7.5 ＋ 0.75）× 2 = 16.5（cm）

裤口宽制图尺寸 = 成品裤口宽尺寸 ＋ 合缝缝耗 ＋ 回缩量（一般取 0.25cm）

　　　　　　　　 = 14 ＋ 0.75 ＋ 0.25 = 15（cm）

裤口测量位置制图尺寸 = 成品裤口测量位置尺寸 ＋ 绲罗纹缝耗

　　　　　　　　 = 5 ＋ 0.75 = 5.75（cm）

裆开口位置制图尺寸 =（成品裆开口位置尺寸 ＋ 绲腰缝耗）×（1 ＋ 自然回缩率）

　　　　　　　　 =（11 ＋ 0.5）×（1 ＋ 2.2%）= 11.8（cm）

裆开口制图尺寸 = 成品裆开口 ＋ 滚边宽 × 2 = 12 ＋ 0.25 × 2 = 12.5（cm）

（5）制图步骤

① 作相互垂直线 1 和 2，在 1 线量取腰宽并以 2 线为中线平分确定 3 线和 4 线且相互平行，3 线与 1 线交于 A 点 [见图 5-15(a)、(b)]；

② 在 4 线向下取腰差 3cm 确定 B 点，直线连接 AB 相交于 2 线于 C 点，取 AC 的中点为 D 点；作 5 线平行于 1 线且距 D 点等于直裆尺寸 33cm，作 6 线平行于 1 线且距 D 点等于裤长尺寸 92.7cm；

③ 在 5 线上，确定 E 点和 F 点，使 E 点和 F 点分别距 5 线为横裆尺寸 31.75cm，并直线连接 BF；作 7 线平行于 5 线且相距为中腿部位尺寸 10cm，在 7 线上确定 G 点和 H 点，使 G 点和 H 点分别距 2 线为中腿尺寸 －1cm 等于 24.25cm，直线连接 GA；

④ 作 8 线平行于 6 线且相距裤口测量位置 5.75cm，在 8 线上确定 I 点和 J 点，使 I 点和 J 点分别距 2 线为裤口宽尺寸 15cm 并直线连接 GI 和 HJ，分别延长 GI 和 HJ 相交于 6 线为 K 点和 L 点；

⑤ 弧线连接 FH 为前裆弯，在 AB 线上取 BM=4cm，在 FH 线上取 FN=4cm 直线连接 MN，在 MN 线上取 MO=裆开口位置尺寸 11.8cm，取 OP=裆开口尺寸 12.5cm，如图 5-15 (c) 弧线画顺 OP，则 BFNPOMB 为前裆轮廓；

⑥ 在 GA 线上取 Q 点，使 EQ=直裆×60%，直线 EG，则 QEGQ 为后裆轮廓；

⑦ 在 GK 线上取 GR=10cm 确定 R 点；在 7 线上取 GS=1cm 确定 S 点，直线连接 RS 并且作延长线 ST，取 ST=EG，作 TU 垂直于 ST 且使 TU 等于 3cm，直线连接 UG，则 RTUGR 为后小裆轮廓；

⑧ 连接 AMNHLKGA 为裤样板轮廓 [见图 5-15(c)]；

⑨ 由于后大小裆为净样板没有缝耗，所以后大小裆的缝耗需要在样板上另外加放，后大裆 EQ 为双折线，后小裆 RT 和 TV 为双折线，周边缝耗为 0.75cm[见图 5-15(d)]；

⑩ 罗纹采用无缝结构，宽度方向不用缝合，所以不用另放缝耗 [见图 5-15(e)]；

裤口罗纹长=[7.5+0.75(缝耗)]×2=16.5（cm）

裤口罗纹宽=15×2×2/3=20（cm）

裤腰罗纹高=[3+0.5(缝耗)]×2=7（cm）

裤腰罗纹宽=50×2×2/3=66（cm）

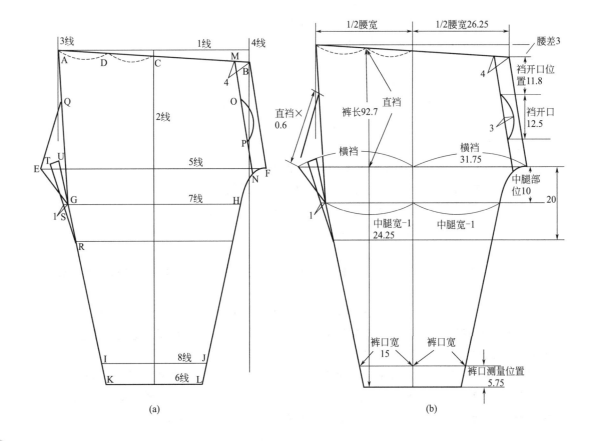

(a)　　　　　　　　　　(b)

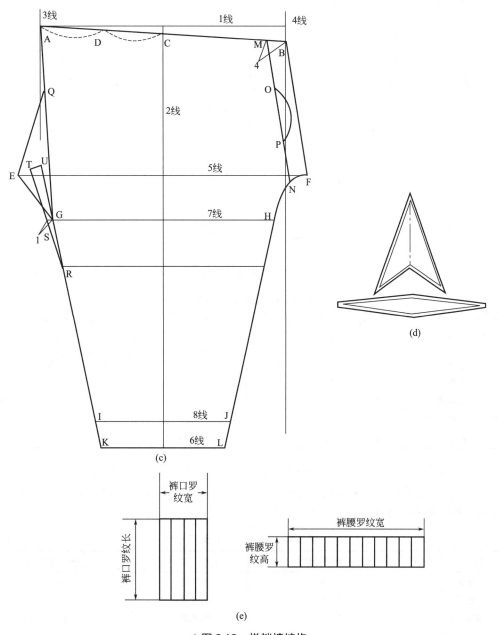

(c)

(d)

(e)

▲图 5-15　拼裆裤结构

4. 背心

（1）款式特点　该款背心无领、无袖，领边袖窿处滚边。衣身采用无缝结构，整件用汗布制作（见图 5-16）。

（2）成品规格及测量方法　表中为背心成品规格（见表 5-9）。

图为背心的测量部位及方法（见图 5-17）。

（3）样板完成图　由于该款前、后身样板的差别仅为前、后领深不同，为了便于裁剪可共用一块样板，只需将领深部位加以区别（见图5-18）。

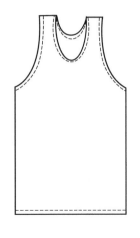 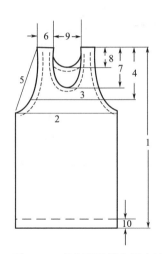 

▲图 5-16　背心　　　　▲图 5-17　背心测量部位及方法　　　　▲图 5-18　背心样板完成图

表 5-9　背心成品规格　　　　　　　　　　　　　单位：cm

序 号	部 位	成 品 规 格			序 号	部 位	成 品 规 格		
		S	M	L			S	M	L
1	衣长	62	65	68	6	肩带宽	4.5	4.5	4.5
2	胸围	40	42.5	45	7	前领深	16	17	18
3	前胸宽	22	24	26	8	后领深	7	8	9
4	前胸部位	16	17	18	9	领宽	10	10.5	11
5	挂肩	25	26	27	10	底边宽	2.5	2.5	2.5

（4）制图尺寸计算　以M号背心为例进行计算说明。挂肩、领窝采用平双针滚边，缝耗0.25cm；底边挽边采用平双针，缝耗0.5cm；合肩采用三线或四线包缝，缝耗0.75cm；汗布的自然回缩率为3%（见表5-10）。

表 5-10　M号背心制图尺寸　　　　　　　　　　　单位：cm

部 位	M号制图尺寸	部 位	M号制图尺寸
衣长	70.8	肩带宽	4
胸围	42.5	前领深	18
前胸宽	23.5	后领深	8.6
前胸部位尺寸	18.3	领宽	10
挂肩	27.25	底边宽	2.5

衣长制图尺寸 = (成品衣长 + 底边宽 + 底边缝耗 + 合肩缝耗) × (1 + 自然回缩率)

　　　　　　 = (65 + 2.5 + 0.5 + 0.75) × (1 + 3%) = 70.8 (cm)

胸围制图尺寸 = 成品胸围 = 42.5cm

前胸宽制图尺寸 = 成品前胸宽 − 滚边缝耗 × 2 = 24 − 0.25 × 2 = 23.5 (cm)

前胸部位制图尺寸 = (成品前胸部位 + 合肩缝耗) × (1 + 自然回缩率)

　　　　　　　 = (17 + 0.75) × (1 + 3%) = 18.3 (cm)

挂肩制图尺寸＝成品挂肩＋合肩缝耗＋回缩量＝26＋0.75＋0.5＝27.25（cm）

肩带宽制图尺寸＝成品肩带宽－滚边缝耗×2＝4.5－0.25×2＝4（cm）

前领深制图尺寸＝(成品前领深＋合肩缝耗－滚边缝耗)×(1＋自然回缩率)

$$=(17+0.75-0.25)×(1+3\%)=18（cm）$$

后领深制图尺寸＝(成品后领深＋合肩缝耗－滚边缝耗)×(1＋自然回缩率)

$$=(8+0.75-0.25)×(1+3\%)=8.6（cm）$$

领宽制图尺寸＝成品领宽－滚边缝耗

滚边缝耗×2＝10.5－0.25×2＝10（cm）

（5）制图步骤（见图5-19）

① 作矩形 ABCD，其中 AB＝CD＝成品衣长；BC＝AD＝1/2 胸围；

② 在 AD 线上取点 E，使 AE＝1/2 领宽，EF＝肩带宽；

③ 在 AB 线上取点 H 和 I，使 AH＝后领深，AI＝前领深；

④ 按图示方法画出前领窝线和后领窝线；

⑤ 作线 JK 平行于 AD 且相距为前胸部位18.3cm，在 JK 线上取 JL＝1/2 前胸宽；

⑥ 过 F 点作 AI 的平行线，在平行线上取 FG＝0.5cm，以 G 点为圆心，挂肩长为半径画弧，与线 CD 交于 M 点，按图示方法作出挂肩弧线 GLM；

⑦ 为了便于裁剪，区分前后领深如图示特设 HN＝2cm；HEGLMCBH 为后片 1/2 样板；IEGLMCBI 为前片 1/2 样板，完成制图。

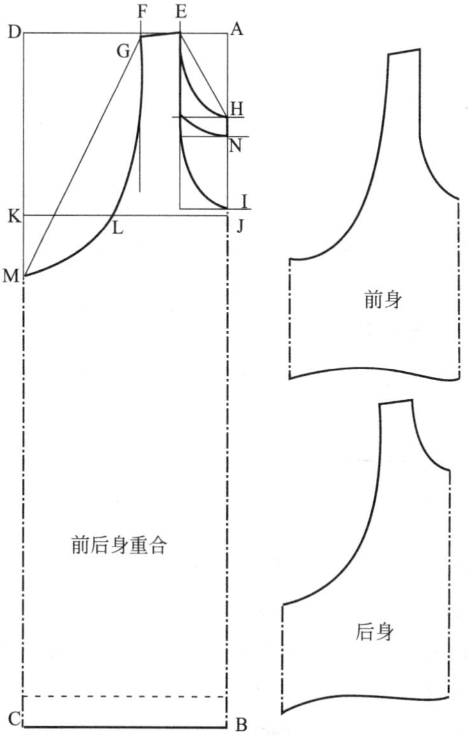

▲图 5-19　背心制图

二、针织外衣

针织外衣的结构制图完全可以借鉴本书前面所讲述的结构制图方法。其基本步骤是：先绘制基础样板为净样板，再根据款式要求、工艺特点及相关因素，在净样板的周边加放缝份、贴边等完成毛样板制作。下面讲述三种基础样板，分别为紧身、适体、宽松。在基础样板上根据具体款式做出适当调整后即可用于生产。

1. 女式背心

（1）款式特点　该款背心为紧身式、大挖领、袖窿领边及下摆处均采用滚边装饰，背部呈 Y 造型，适宜选用弹性较好的针织面料（见图5-20）。

（2）绘图规格　表中为女式背心（号型：160/84A）所需净体规格（见表5-11）。

▲图 5-20　女式背心

表 5-11　女式背心所需净体规格　　　　　　　　　　　单位：cm

部位	衣长	胸围	肩宽	腰节	领围	腰围	臀围	袖长	腕围
规格	56	84	39.4	38	33.6	68	90	56	14

注：衣长为成品尺寸。

（3）制图公式及步骤　表中为紧身型样板制图公式（见表 5-12）。

表 5-12　紧身型样板制图公式　　　　　　　　　　　单位：cm

部位	公式	数值	部位	公式	数值
前领宽	（领围/5）−1	5.72	后领宽	（领围/5）−1	5.72
前领深	（领围/5）+1	7.72	后领深	定数	2
前肩宽	（肩宽/2）−2	17.7	后肩宽	（肩宽/2）−2	17.7
前落肩	肩宽/10	3.94	后落肩	肩宽/10	3.94
前袖窿深	（胸围/6）+6	20			
前胸围大	（胸围/4）−1.5	19.5	后胸围大	（胸围/4）−1.5	19.5
袖肘线	（袖长/2）+2.5	30.5	袖山高	（AH/4）+3	
袖口	腕围/2	7			

注：AH 代表前后袖窿弧长，需测量。

女式背心制图步骤：

① 根据所给公式绘制针织服装的基础样板［见图 5-21（a）］；

② 在基础样板上只取前后衣身，按图进行处理完成女式背心的净样制图［见图 5-21（b）］；

③ 根据工艺制作要求及款式特点进行缝耗的加放，完成毛样板的制图。因为领边、袖窿、底边采用滚边，所以不用缝耗，只在肩和侧缝加放缝耗 0.75cm［见图 5-21（c）］。

2. 无领长袖衫

（1）款式特点　该款属于适体型，领型为水滴形挖领，领边采用滚边装饰，袖子为中长袖，下摆及袖口采用挽边处理，适宜选用弹性针织面料（见图 5-22）。

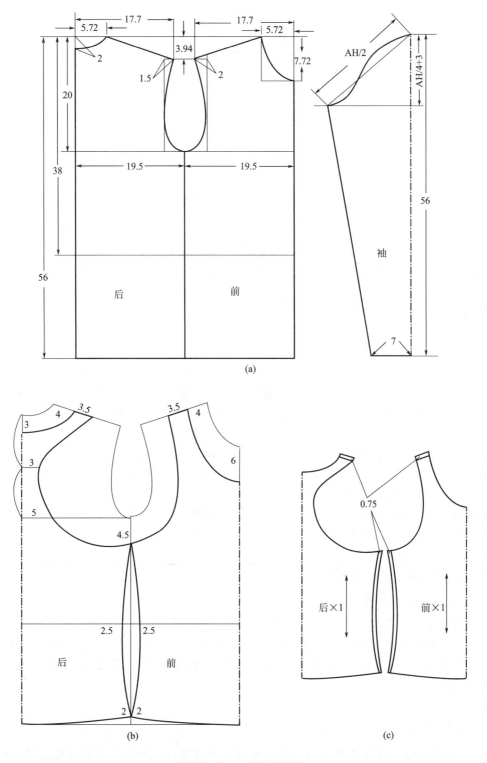

▲图 5-21　女式背心结构

▲图 5-22　无领长袖衫

（2）绘图规格　表中为无领长袖衫（号型：160/84A）所需净体规格（见表 5-13）。

表 5-13　无领长袖衫所需净体规格　　　　　　　　　单位：cm

部位	衣长	胸围	肩宽	腰节	领围	腰围	臀围	袖长	腕围
规格	62	84	39.4	38	33.6	68	90	56	14

注：衣长为成品尺寸。

（3）制图公式及步骤　表中为适体型样板制图公式（见表 5-14）。

表 5-14　适体型样板制图公式　　　　　　　　　单位：cm

部　　位	公　　式	数　值	部　　位	公　　式	数　值
前领宽	（领围/5）－1	5.72	后领宽	（领围/5）－1	5.72
前领深	（领围/5）＋1	7.72	后领深	定数	2
前肩宽	（肩宽/2）－1	18.7	后肩宽	（肩宽/2）－1	18.7
前落肩	肩宽/10	3.94	后落肩	肩宽/10	3.94
前袖窿深	（胸围/6）＋8.5	22.5			
前胸围大	（胸围/4）	21	后胸围大	（胸围/4）	21
袖肘线	（袖长/2）＋2.5	30.5	袖山高	（AH/4）＋3.5	
袖口	腕围/2＋2	9			

注：AH 代表前后袖窿弧长，需测量。

无领长袖衫制图步骤：

① 根据所给公式绘制针织服装的基础样板［见图 5-23(a)］；

② 在基础样板上，按图示进行处理，完成无领长袖衫的净样制图［见图 5-23(b)］；

③ 根据工艺制作要求及款式特点，进行缝耗的加放，完成毛样板的制图［见图 5-23(c)］。

3. T 恤衫

（1）款式特点　该款 T 恤衫属于较宽松式，罗纹圆领，短袖，下摆及袖口采用挽边处理，绱领绱袖采用绷缝线迹进行装饰（见图 5-24）。

（2）绘图规格　表中为 T 恤衫（号型：160/84A）所需净体规格（见表 5-15）。

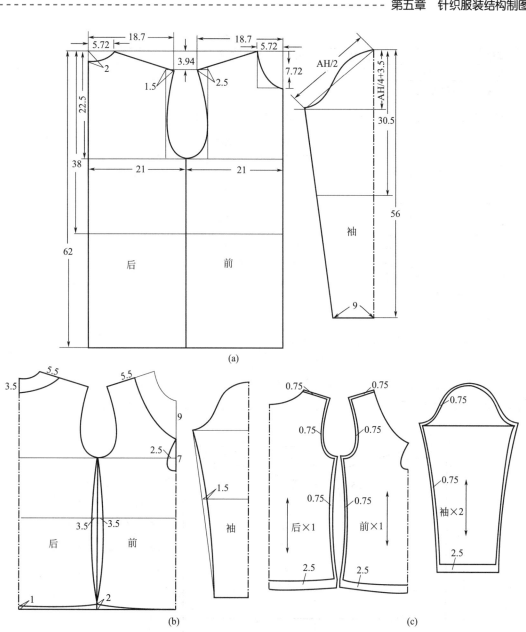

(a)

(b)

▲图 5-23　无领长袖衫结构

(c)

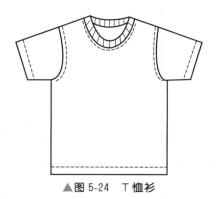

▲图 5-24　T 恤衫

表 5-15 T恤衫所需净体规格 单位：cm

部位	衣长	胸围	肩宽	领围	袖长	腕围	腰节
规格	70	88	43.6	36.8	58	15	42.5

注：衣长为成品尺寸。

（3）制图公式及步骤 表 5-16 为宽松型样板制图公式。

表 5-16 宽松型样板制图公式 单位：cm

部 位	公 式	数 值	部 位	公 式	数 值
前领宽	领围/5	7.36	后领宽	领围/5	7.36
前领深	（领围/5）+1	8.36	后领深	定数	2
前肩宽	（肩宽/2）+2	23.8	后肩宽	（肩宽/2）+2	23.8
前落肩	肩宽/10	4.36	后落肩	肩宽/10	4.36
前袖窿深	（胸围/6）+11.5	26.2			
前胸围大	（胸围/4）+5	27	后胸围大	（胸围/4）+5	27
袖肘线	（袖长/2）+2.5	30.5	袖山高	（AH/4）+2	
袖口	腕围/2+2.5	10			

注：AH代表前后袖窿弧长，需测量。

T恤衫制图步骤：

① 根据所给公式绘制针织服装的基础样板 [见图 5-25(a)]；

② 在基础样板上，按图进行处理，完成 T恤衫的净样制图 [见图 5-25(b)]；

③ 根据工艺制作要求及款式特点进行缝耗的加放，完成毛样板的制图，袖口、下摆挽边宽 2cm，挽边缝耗 0.5cm，绱领绱袖合肩侧缝缝耗各 0.75cm [见图 5-25(c)]。

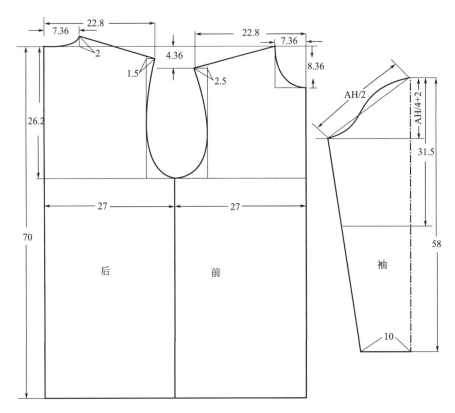

(a)

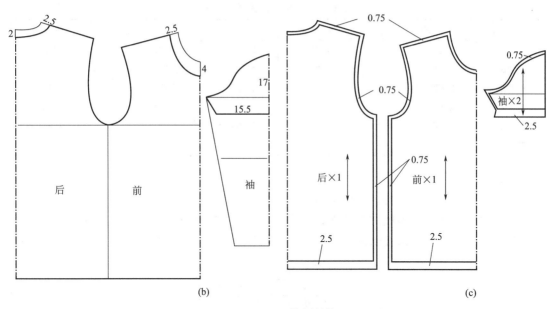

▲图 5-25　T恤衫结构

4. 男式马甲

（1）款式特点　该款属于宽松式样，风帽为两片结构与衣身相连接，无袖前后身设斜向分割线，前门襟设拉链，底摆绱罗纹饰边，袖窿、分割线、口袋、门襟处缉明线，前衣身设装饰明线造型（见图 5-26）。

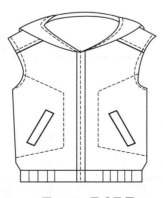

▲图 5-26　男式马甲

（2）绘图规格　表中为男式马甲（号型：170/88A）所需净体规格（见表 5-17）。

表 5-17　男式马甲所需净体规格　　　　　　　　　　　　　　　　单位：cm

部位	衣长	胸围	肩宽	领围	腰节
规格	65	88	43.6	36.8	42.5

注：衣长为成品尺寸。

（3）制图公式及步骤　表中为宽松型样板制图公式（见表 5-18）。

表5-18　宽松型样板制图公式　　　　　　　　　单位：cm

部　位	公　式	数　值	部　位	公　式	数　值
前领宽	领围/5	7.36	后领宽	领围/5	7.36
前领深	（领围/5）+1	8.36	后领深	定数	2
前肩宽	（肩宽/2）+2	23.8	后肩宽	（肩宽/2）+2	23.8
前落肩	肩宽/10	4.36	后落肩	肩宽/10	4.36
前袖隆深	（胸围/6）+11.5	26.2	后胸围大	（胸围/4）+5	27
前胸围大	（胸围/4）+5	27			

男式马甲制图步骤：

① 因为属于宽松型结构，所以使用前款的公式制作基础样板；

② 在基础样板上，按图进行处理，完成男式马甲的净样制图［见图5-27(b)］；

③ 根据工艺制作要求及款式特点进行缝耗的加放，完成毛样板的制图［见图5-27(c)］。

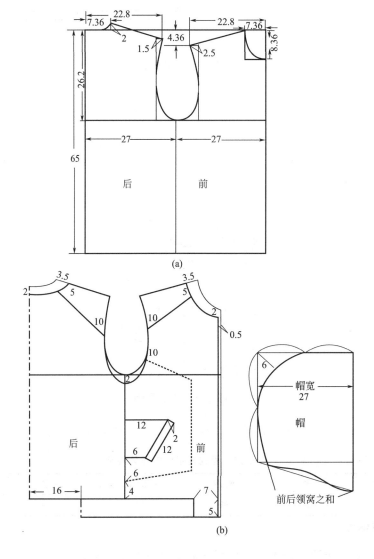

(a)

(b)

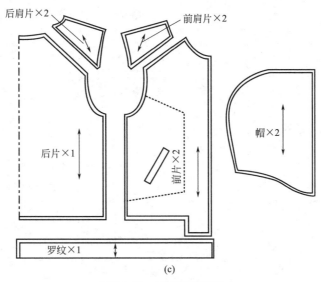

后肩片×2　　前肩片×2

后片×1

前片×2

罗纹×1

帽×2

(c)

▲图 5-27　男式马甲结构

思考与练习

1. 针织服装如何分类？

2. 针织面料的特点有哪些？

3. 针织服装结构制图应考虑哪些因素？

4. 简述针织内衣结构制图的影响因素。

5. 设计一款男式三角裤，并进行结构制图。

6. 设计一款女式内衣，并进行结构制图。

7. 设计一款休闲针织外衣，并进行结构制图。

第六章　特殊体型的服装结构制图

学习目标

1. 了解特殊体型的体型特征；
2. 理解特殊体型的制图原理和步骤；
3. 掌握典型特殊体型的服装结构制图方法；
4. 掌握服装弊病的分析及处理方法。

　　本书前面几章，所介绍的内容基本都指标准体型，所使用的服装平面结构计算公式和绘图方法，都是根据标准体型制定的。人们由于先天的遗传、后天的发育以及不同的生活习惯、职业等原因，形成每个人体之间的体型各不相同，所以在一定范围内，大致可分为标准体型（正常体型）和非标准体型（特殊体型）。

第一节　特殊体型概述

合体服装不仅要求服装外形适合人体体型，而且服装各部位的宽松量也应当适中，往往这些内容不容易掌握，特别是对于初学者，所以在制作合体服装时特别容易产生服装弊病。正常体型穿着裁制不当的服装会产生服装弊病，而特殊体穿着正常体型的服装同样也会产生服装弊病。总之，不论什么体型，只要服装与人体之间产生了不和谐现象，均会显露弊病。一旦产生弊病，就应当修正。作为一名服装专业人员，不但要学会如何纠正服装弊病，还要掌握如何能够避免发生服装弊病的预防措施。

所谓正常体型，是指身体发育正常，各部位基本对称、均衡。特殊体型则是指体型上发育不均衡，各部位比例失调，不符合正常体型范围的各种体型。

一、特殊体型的制图方法

一般服装的结构制图计算公式和绘图方法，都是根据正常体型来制定的。特殊体型的服装，在制图时可根据体型上的具体差异，在正常体型结构制图的基础上加以变化，以适应特殊体型的要求。采用的具体方法是纸样修正法，这是特体类服装制图中较为常用的方法，本章的特体类结构处理都采用此法。各种特殊体型都依据着装者的服装成品尺寸，按照正常的结构设计方法打出净缝纸样。然后以该纸样为基础，结合体型个性特征，在纸样相关部位进行剪开，作旋转展开量或旋转折叠量处理，这种对结构裁剪图进行修正的方法称为纸样修正法。它不仅对于处理特殊体型裁片具有使用价值，而且对于服装上常出现的结构性弊病的修改也有很重要的指导作用。

二、纸样修正法的具体步骤

以标准人体的结构制图为基础，然后根据特殊部位的变化特征、变异程度和适体要求进行合理的修正、调整和变化，以达到适体的最佳效果。其步骤是：

① 确定标准纸样，以正常体尺寸制作标准纸样，此步是纸样修正法的基础，是修正的具体对象；

② 具体分析特殊体型，包括变化位置及变化程度等，这是关键的一步，一般需要经验丰富的专业人员进行，为纸样修正法提供了理论依据，使特殊体型的程度更加具体化和量化，以便下一步的修正；

③ 修正纸样，利用旋转展开和旋转折叠的方法进行结构处理，此步是具体修正过程，把第二步分析得出的数据用直观的符号表示，在第一步完成的标准纸样上进行结构处理，并确定修正后的纸样为特殊体型纸样。

纸样修正法强调了在平面标准样板上修正，如果使服装结构造型更趋于合理，一般在缝

制之前还需要假缝试穿，这个过程亦称第二次修正。

三、特殊体型制图符号

为了制图方便，效果清晰，在以后的制图中使用符号来表示（见表 6-1）。

表 6-1　特殊体型制图符号

符　号	名　称	说　明
——————	实线	调整前轮廓,表示正常体型的标准样板
- - - - - -	虚线	调整后轮廓,表示修正后的样板
x↑◁————A	旋转展开	表示将正常体的样板在该部位以 A 为固定点,沿箭头方向旋转展开量 x
y↓◁————A	旋转折叠	表示正常体型的样板在该部位以 A 为固定点,沿箭头方向旋转折叠量 y

第二节　上体形态特征及服装纸样修正

一、肩部

肩部对服装的影响比较大，是服装的主要受力部位，所以肩部的裁剪是否恰当，直接关系到服装的整体着装效果。肩部的特征因人而异：男性肩宽且平，锁骨弯曲程度突出，整体浑厚健壮，肩峰端点明显；女性肩较窄，扁且向下倾斜，锁骨弯曲程度较小，肩峰端点不明显；儿童肩窄而薄；老年两肩明显下垂，肩峰前倾，骨骼比较突出。

服装上衣制图中，除正常体外肩部，可分为平肩体、溜肩体、高低肩体和冲肩体四种基本类型。一般用肩斜角度测定和实践经验来判别。正常体的肩斜角度一般为 19°～22°。凡小于 19°者为平肩体，大于 22°者为溜肩体，左右肩高低不同者为高低肩。

1. 平肩体（见图 6-1）

（1）体型特征及着装效果　两肩端平，穿上正常体型的服装时会出现：

① 上衣止口下部豁开；

② 外肩端被肩骨顶起，致使两肩出现对称的倒"八"字涟形；

③ 前胸驳头处荡空，不贴身；

④ 后领口处涌起，有皱纹出现。

（2）方法　根据正常体型结构制图，在袖窿深线处和肩线处做适当调节，调节的具体数据视情况而定。修正步骤如下：

① 以正常体尺寸绘制标准纸样；

② 根据特殊体型的情况，利用肩斜角度加经验测定法判断修正量，假设 1cm；

③ 肩部以 A 为固定点沿箭头方向向上旋转展开 1cm 确定新肩线，袖窿深水平抬高 1cm，确定新袖窿弧线；其中在调整过程中一定要保证新袖窿弧长与原袖窿弧长相等。

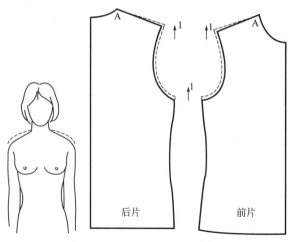

▲图 6-1　平肩体服装纸样修正

2. 溜肩体（见图 6-2）

（1）体型特征及着装效果　两肩偏斜，呈"个"字形。穿上正常体型的服装时会出现：

① 外肩倾斜，在外肩缝处起空，有塌落的形状，用手指能捏出多余的部分；

② 造成驳头处起壳，袖窿出现明显的涟形；

③ 两侧摆缝垂落，止口有搅盖现象。

（2）修正方法

① 以正常体尺寸绘制标准纸样；

② 根据特殊体型的情况利用肩斜角度加经验测定法，判断修正量，假设 1cm；

③ 肩部以 A 点为固定点沿箭头方向向下旋转折叠 1cm，袖窿深线相应降低 1cm。
其中在调整过程中一定要保证新袖窿弧长与原袖窿弧长相等。

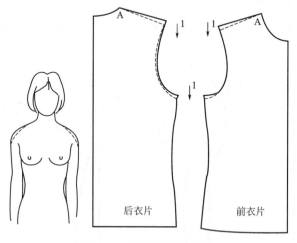

▲图 6-2　溜肩体服装纸样修正

3. 高低肩（见图 6-3）

（1）体型特征及着装效果　左右两肩高低不一，一肩高另一肩则低落，其中可包括一个肩为正常体或两个肩都不是正常体，穿上正常体型的服装时会出现：

① 两肩不对称，一边肩膀吊起为高的肩，另一边沉落，整件衣服下垂，因为低落肩，前后衣片都产生斜涟现象；

② 低肩一边袖子有涟形；

③ 低肩一边摆缝垂落，止口有搅盖现象。

（2）修正方法

① 以正常体尺寸绘制标准纸样；

② 观察体型，左肩正常只修正右肩，判断调节量，假设1cm；

③ 针对纸样调节，调节方法参见平肩体。

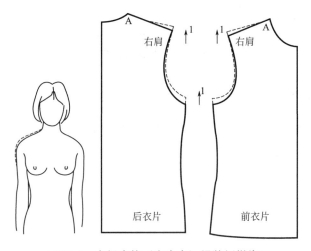

▲图6-3　高低肩体（右肩高）服装纸样修正

4. 冲肩体（见图6-4）

（1）体型特征及着装效果　两肩端向前冲出，肩线弯曲度加大，穿上正常体型的服装时会出现：

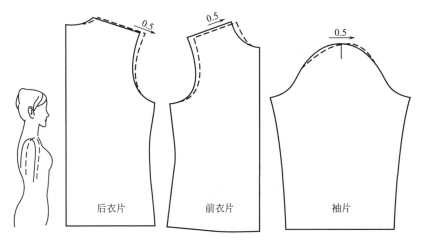

▲图6-4　冲肩体服装纸样修正

① 肩外端有板紧感；

② 前胸和袖前部出现涟形。

（2）修正方法

① 绘制正常体的标准纸样；

② 前片减小前领宽 0.5cm，减小前肩宽 0.5cm，降低肩斜线 0.5cm；

③ 后片增大后领宽 0.5cm，增大前肩宽 0.5cm，抬高肩斜线 0.5cm；

④ 调整袖山弧线及绱袖对位点向前移动 0.5 cm。

二、胸部

胸部对服装上衣结构制图和缝制工艺的质量有着直接的影响，男性胸部较宽阔，胸肌健壮，凹窝明显；女性胸部较狭窄而丰满，乳腺发达，呈圆锥状隆起，中胸沟侧胸沟比较明显；老年人胸部平坦，胸肌松弛下垂，乳部皱纹显著；儿童胸部较短而平。人体胸部是服装造型最明显的部位，而且是开放式领型的视觉中心，对于胸部的鉴别可用软尺测量前胸宽和后背宽尺寸进行对比分析。正常体前胸应略宽于后背，当前胸宽大于后背宽 3～4cm 以上时可称为挺胸体。前胸宽和后背宽接近则为平胸体。

1. 挺胸体（见图 6-5）

（1）体型特征及着装特点　胸部前凸，身体上部向后倾斜且较直，穿上正常体型的服装时会出现：

① 前胸绷紧；

② 前衣片显短，后衣片显长；

③ 前身起吊，搅止口；

④ 领口壳开驳头翻折线不顺直，前领起空，后领触脖；

⑤ 后袖窿被挺起的胸部拉紧，向前移动出现涟形。

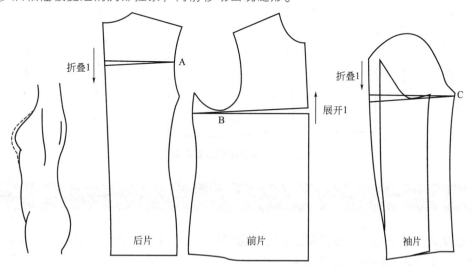

▲图 6-5　挺胸体服装纸样修正

（2）修正方法

① 以正常体尺寸绘制标准纸样；

② 将前衣片胸围线剪开，以 B 为固定点向上旋转展开 1cm 左右，后衣片在袖窿深 1/2 处剪开，以 A 为固定点向下旋转折叠 1cm 左右；

③ 将袖片沿袖山高线剪开，以 C 为固定点向下旋转折叠 1cm 左右，使原袖山中线后移，袖筒后移，最后画顺纸样的外轮廓线。

2. 平胸体（见图 6-6）

（1）体型特征及着装效果　胸部平挺，身体上部较直，穿上正常体型的服装时会出现：

① 胸部空瘪，有起壳现象；

② 前门襟下垂，呈较明显的豁盖现象；

③ 衣服出现前长后短的现象；

④ 袖窿起涟，衣服出现"V"字形褶皱。

（2）修正方法

① 以正常体尺寸绘制标准纸样；

② 将前衣片胸围线剪开，以 A 为固定点向下旋转折叠 1cm 左右；

③ 将袖片沿袖山高线剪开。以 B 为固定点剪开向上旋转展开 1cm 左右。使原袖山中线前移，袖筒前移，最后画顺纸样的外轮廓线。

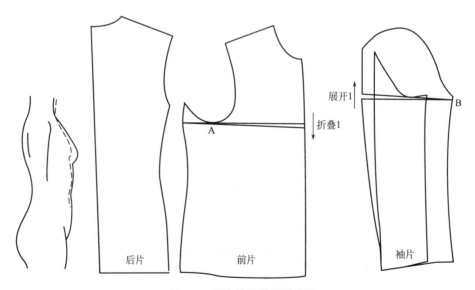

▲图 6-6　平胸体服装纸样修正

三、背部

背部是人体躯干的主要组成部分，它与胸部相对应。由于人体的运动特点，后背造型较为严格，要求它平服舒展，美观大方。

后背特体中常见的体型是驼背体（见图 6-7）。判断可以先从背面观察肩胛骨的形态及位置，然后测量后背宽尺寸。背宽超过胸宽 3cm 以上的为驼背体。最后通过测量前后腰节长尺寸，结合相关因素对比分析判断出驼背程度。

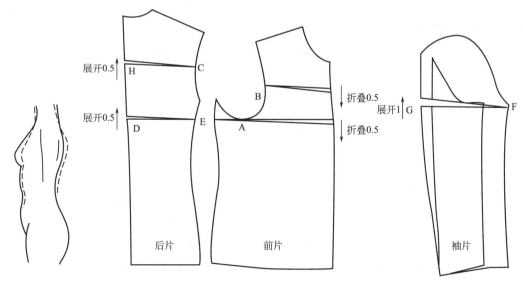

▲图 6-7　驼背体服装纸样修正

（1）体型特征及着装效果　颈部和背部向前倾斜，以肩胛骨为中心呈弓形背，背部厚而高，胸部较平坦。驼背体中一部分人是平胸驼背体，这称复合型。这里仅指单纯的驼背体，穿上正常体型的服装时会出现：

① 后背绷紧，后身吊起，前长后短；

② 后领口壳开，不与领部服帖；

③ 袖子位置不合体型，前袖口靠住手腕骨，袖子也有涟形。

（2）修正方法

① 以正常体尺寸绘制标准纸样；

② 前片袖窿深线和袖窿深线 1/2 处分别剪开，以 A、B 为固定点各向下旋转折叠 0.5cm；

③ 后片以袖窿深线和袖窿深线 1/2HC 线剪开，以 C、E 为固定点各向上旋转展开 0.5cm；

④ 袖片以 FG 线剪开，并以 F 点为固定点向上旋转展开 1cm，最后画顺纸样的外轮廓线。

第三节　下体形态特征及服装纸样修正

　凸腹体

由于遗传和发胖而产生的腹部隆起变形，亦称凸腹体（见图 6-8）。人到中老年，体型变化较大，约 50% 的中老年人会有不同程度的凸肚。通过观察分析女性凸肚最高点一般在腹部。男性凸肚一般在肚脐部和胃部。按正常体胸围和腰围相比，其男子差值在 12～16cm

之间，女子差值在 14～18cm 之间。如果胸围与腰围差不在这个范围之间或腰围大于等于胸围，就会出现不同程度的凸腹体。对于凸腹体的测量，首先是正确测量腰围、臀围和腹围尺寸，再测量腹凸位置。然后观察凸腹体的着装习惯，如扎腰带的高低，以便为设计上裆提供准确的数据。最后还要测量衣服的前衣长和后衣长尺寸。

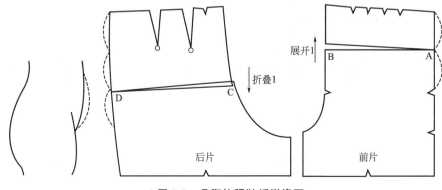

▲图 6-8　凸腹体服装纸样修正

（1）体型特征及着装效果　腹部外突，头部自然后仰，腰部的中心轴向后倒。穿上正常体型的西裤时会出现：

① 腹部紧绷，前门襟明显隆起凸出；

② 前门襟线吊起，有八字状涟形；

③ 前侧袋口绷开，不能弥合；

④ 腰围线下面有横向褶皱。

（2）修正方法（见图 6-8）

① 以正常体尺寸绘制标准纸样；

② 前片沿 AB 剪开，以 A 为固定点旋转展开量，假设 1cm；

③ 后片沿 CD 剪开，以 D 为固定点旋转折叠量，假设为 1cm，最后画顺纸样的外轮廓线。

二、臀部

臀部在髋骨的外端，臀大肌的中部，肌肉丰满。臀部的测量尺寸是上装和下装制图的主要依据。在正常体的情况下，男性臀部因骨盆高而窄，髂骨和大转子外凸较缓，臀肌健壮，但脂肪较少，后臀不及女性丰满隆起。男性正常体臀围尺寸比胸围尺寸大 3～5cm。女性正常体臀围尺寸比胸围略大 4～8cm。在测量时不仅要准确测量臀围尺寸，还应了解臀凸的高低位置。

臀部的非正常体有凸臀体和平臀体两种。一般凸臀体多出现于女体，平臀体多出现于男体。

1. 凸臀体（见图 6-9）

（1）体型特征及着装特点　臀部丰满凸出，腰部中心轴倾斜。穿上正常体型的西裤时会出现：

① 后裆缝吊紧，后窿门出现明显的涟形；

② 后臀部绷紧；

③ 袋口稍豁开，不能弥合；

④ 裤脚口朝后豁。

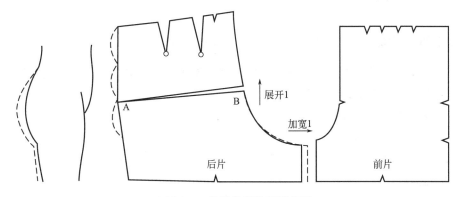

▲图 6-9　凸臀体服装纸样修正

（2）修正方法

① 以正常体尺寸绘制标准纸样；

② 后片以 AB 线剪开，以 A 为固定点，向上旋转展开 1cm；

③ 加大后裆宽 1cm，最后画顺纸样的外轮廓线。

2. 平臀体（见图 6-10）

（1）体型特征及着装特点　臀部平坦，穿上正常体型的西裤时会出现：

① 裤子后裆缝过长；

② 臀部有横褶。

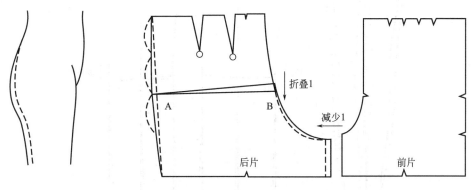

▲图 6-10　平臀体服装纸样修正

（2）修正方法

① 以正常体尺寸绘制标准纸样；

② 后裤片以 AB 为剪开线，以 A 为固定点，向下旋转折叠 1cm；

③ 减少后裆宽度，减少后臀围，最后画顺纸样的外轮廓线。

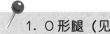

三、腿部

在正常体情况下，人体下肢两腿并立时，大腿、膝、小腿肚和脚跟基本上在人体中轴线上，下肢特体主要表现为 O 形腿和 X 形腿。

1. O 形腿（见图 6-11）

（1）体型特征及着装效果　两腿并立后，脚跟靠拢，膝盖靠不拢，并偏离中轴线，两腿形成一个圆环。穿上正常体型的西裤时会出现：

① 外侧缝下段呈斜向涟形；

② 前挺缝线对不准鞋尖；

③ 脚口处不平服，向外（两侧）荡开。

（2）修正方法

① 以正常体尺寸绘制标准纸样；

② 前裤片以中裆线为剪开线，A 为固定点，在 B 处向下旋转展开 1～2cm；

③ 后裤片以中裆线为剪开线，C 为固定点，在 D 处向下旋转展开 1～2cm，最后画顺纸

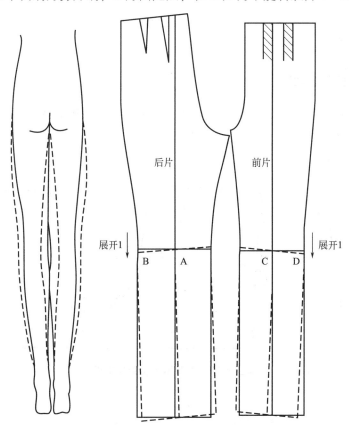

▲图 6-11　O 形腿服装纸样修正

样的外轮廓线。

2. X形腿（见图6-12）

（1）体型特征及着装效果　两腿并立后，大腿靠拢，膝以下外撇，并偏离中轴线。穿上正常体型的西裤时会出现：

① 内侧缝大腿处呈斜向涟形；

② 前挺缝对准鞋尖（双腿呈立正姿势）；

③ 脚口不平服向里荡开。

（2）修正方法

① 以正常体尺寸绘制标准纸样；

② 前裤片以中裆线为剪开线，C为固定点在D处向上旋转折叠1～2cm；

③ 后裤片以中裆线为剪开线，A为固定点在B处向上旋转折叠1～2cm，最后画顺纸样的外轮廓线。

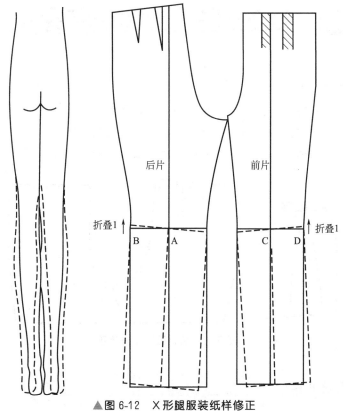

▲图6-12　X形腿服装纸样修正

第四节　服装弊病分析及处理方法

常见的服装弊病以各种皱纹弊病为主。在服装的各部位中，凡是宽松过度、运动、设计需要等以外的因素产生的服装皱纹均称服装皱纹弊病。主要表现为，当人静态站立时服装某部位会出现起皱吊起、壳开、歪斜不方正、过紧过松等不合体现象。造成服装成品弊病的原因主要有结构制图和缝制工艺两个方面的因素，本节主要从结构制图方面针对常见弊病进行分析及修正。

观察弊病时，主要全面认真地观察服装在着装者身上的静止状态和活动状态时的弊病位置和程度。修正服装弊病时，如何确定修正部位和修正量，是一项技术性很高的工作，不能轻易地拆开缝线或修剪衣片。当服装出现弊病时，有些弊病是可以在原衣片上修正的，有些弊病在原服装上无法弥补，只能利用原衣片找到修正方法为再次裁剪做准备。

服装皱纹是有方向性的，有的呈放射状，有的呈平行状。所以，对于弊病的处理要具体问题具体分析。服装上除人为设计外，不会出现无缘无故的皱纹，不必要的撑、挤、拉、拽都是产生皱纹的因素。知道了皱纹的方向也就等于知道了皱纹的产生原因。服装行业对高级时装和特殊体型的服装均需先试样，补正以后再精确裁剪和制作。试样就是假缝，将衣片的某些部位预留多一些缝份，试穿者穿上后，若出现弊病要进行病症分析，然后采取补正措施，做出合体、称心的服装。

一、下装弊病及修正方法

1. 夹裆（见图6-13）

裤子穿上后，后裆缝夹紧，有多余的皱褶，后裆缝嵌入股间。

（1）产生原因　上裆过短，裆宽不足，后裆弯弧线凹势不够。

（2）修正方法　前后裤片同时下挖上裆，适当增加后裆宽，增加凹势。

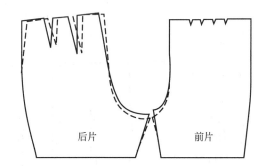

后片　　　　　　　　前片

▲图6-13　夹裆服装纸样修正

2. 后垂裆（见图6-14）

人站立时裤子臀部有多余的斜形皱褶。

（1）产生原因　后裆线斜度太大，裤后翘太大，前上裆过短。

（2）修正方法　减小后裆线斜度，侧缝相应移进，后翘降低，前下裆开落。

3. 裤子后腰缝口起涌（见图6-15）

后腰中部涌起横向褶纹。

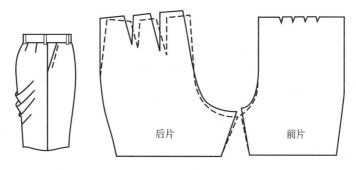

▲图 6-14　后垂裆服装纸样修正

（1）产生原因　后裤片后翘太高，后省量太小，省道形状与人体不符。

（2）修正方法　减少后裤片后翘量，增大后省量。

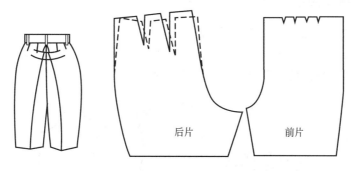

▲图 6-15　裤子后腰缝口起涌服装纸样修正

4. 前垂裆（见图 6-16）

前裆缝两旁呈 V 字状皱纹。

（1）产生原因　前裆缝上端点抬高过大，前侧缝线上端点抬高不足或前中心线过斜及前侧缝困势过大。

（2）修正方法　在前裆缝上端点处减少长度，在前侧缝线上端点增加量。增大前裆缝劈势，减少腰褶量或减小前裆缝斜度及前侧缝困势。

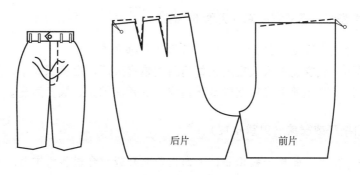

▲图 6-16　前垂裆服装纸样修正

5. 挺缝线歪斜

挺缝线向内侧或外侧歪斜，穿着不舒服。

(1) 产生原因　布料的丝缕歪斜，排料裁剪不正确，缝制中上下片长短松紧不一，熨烫时侧缝与下裆缝错位，腿部特体。

(2) 修正方法　注意布料的丝缕，裁剪时排料要按照丝缕方向；针对成品裤子拆开裤子的侧缝和下裆缝，两边有放头（放头是除缝份之外的余量，大小以不影响成衣为宜），可将裤挺缝线移动，若没有放头的可用改小裤腿的方法。

二、上装弊病及修正方法

1. 前肩八字褶（见图6-17）

其皱纹源于前颈肩处，向胸宽处延伸。

(1) 产生原因　前后领宽太小，前后肩斜度过小。

(2) 修正方法　增大前后领宽，增大前肩斜度。

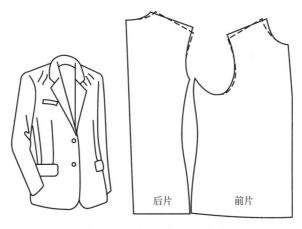

后片　　前片

▲图 6-17　前肩八字褶及修正方法

2. 前肩V字涟形，后领窝起涌（见图6-18）

肩下方前领旁边出现V字涟形，后领窝周围出现横向波纹。

(1) 产生原因　成衣肩斜太大超过人体肩斜或垫肩太厚，后领深太小，后肩太窄。

(2) 修正方法　改小前后肩斜度或减薄垫肩，后领深加大，放宽后肩。

3. 前身止口豁开或搅盖（见图6-19）

服装穿着后，扣上上面第一粒扣后，下面止口豁开或重合过多为搅盖。豁开与搅盖的修正部位相同只是操作方法相反。下面主要介绍豁开的产生原因和修正方法。

(1) 产生原因　肩斜度太大，缝制工艺不正确，撇门太大，横开领太大。

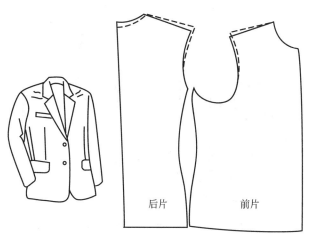

▲图 6-18 前肩 V 字涟形，后领窝起涌及修正方法

（2）修正方法 减小肩斜度，正确缝制前衣片；减少撇门量，减少前后横开领。

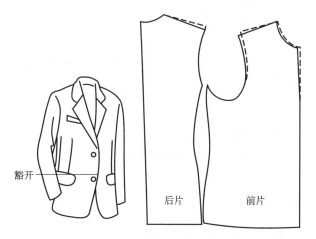

▲图 6-19 前身止口豁开及修正方法

 4. 前胸过宽（见图 6-20）

前胸过宽引起前胸出现竖直皱纹。

（1）产生原因 前胸裁制太宽。

（2）修正方法 在成品裁片上直接修剪前胸宽。

5. 翻领的底领外露（见图 6-21）

翻领装到衣身后，翻折线不是设计的位置，致使后翻领上升，后底领外露，这种现象俗成"爬领"。

（1）产生原因 翻领松度不够，致使翻领外口长度不足，在缝合领面领里时和绱领时的吃势不足，领底线凹势不够。

（2）修正方法 加大翻领松度，加大底领线凹势，改进缝制工艺。

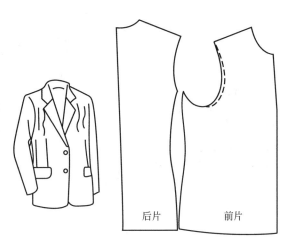

▲图 6-20　前胸过宽及修正方法

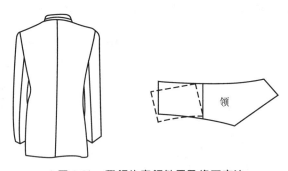

▲图 6-21　翻领的底领外露及修正方法

6. 驳口起空（见图 6-22）

当门里襟叠上后，衣服的驳口线不紧贴胸部。

（1）产生原因　前衣片的领口宽度过大，肩斜度太大，翻领松度太大，驳口线距肩颈距离太小。

（2）修正方法　驳口线归烫，加大前撇胸，缩小前领口宽度，缩小肩斜度，增大驳口线距肩颈点的距离。

7. 领离颈（见图 6-23）

当上衣穿好后，领口不能贴近颈部，后部离开颈根，四周荡开，使衬衣领外露过多，俗称"荡领"。

（1）产生原因　前后领宽太大，后领深太深，后背长不够。

（2）修正方法　减小前后领宽，减小后领深，后片加大背长。

8. 圆装袖偏前（见图 6-24）

服装成型后，袖子整体向前倾斜，袖口遮住大袋位置超过了 1/2，衣袖下垂时，后侧出

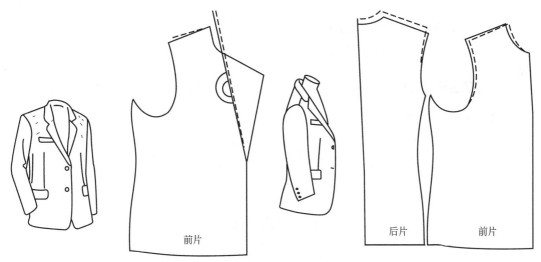

▲图 6-22　驳口起空及修正方法　　　　　▲图 6-23　领离颈及修正方法

现斜向皱纹。

（1）产生原因　袖山头绱袖点的位置不正确，太靠前。

（2）修正方法　将衣袖拆下，拆下来的袖山头绱袖点的位置向后移动 1cm 左右。

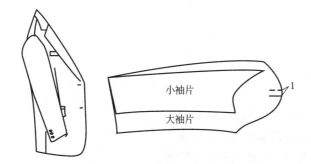

▲图 6-24　圆装袖偏前及修正方法

9. 袖山头有横向皱纹（见图 6-25）

袖子穿着后的静止状态，袖山头出现横向皱纹，手向前活动时，袖子在后背有牵制

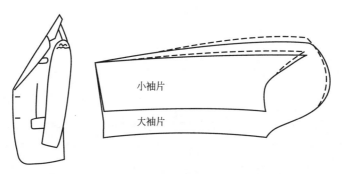

▲图 6-25　袖山头有横向皱纹及修正方法

感觉。

(1) 产生原因　袖肥太小，袖山太大。

(2) 修正方法　增加袖肥，改小袖山。

10. 袖里起吊（见图6-26）

服装成型后，袖子出现涟形，袖里面不平服。

(1) 产生原因　袖子面里对位点不准确。

(2) 修正方法　拆开袖子，重新确定袖子面和里的缝合对位点。

▲图6-26　袖里起吊

思考与练习

1. 简述特殊体型服装结构制图的方法。

2. 简述肩部形态特征及服装纸样修正方法。

3. 简述胸部形态特征及服装纸样修正方法。

4. 简述下装弊病及服装纸样修正方法。

5. 简述上装弊病及服装纸样修正方法。

附录

附录一　加工指示书

款号:DPL 13	面料:12.5 盎司纯棉双向竹节牛仔布	交期:
数量:1536 件	品名:长裤	

1. 数量表

颜　色	包装	内长	29	30	32	34	36	38	40	42	44	TOTAL	
L. T BLUE 浅靛蓝	A		12	12	24	36	24	12	12	12		144	468
	B				54	54	81	54	27	27	27	324	
DK. BLUE 深靛蓝	A		15	15	30	45	30	15	5	15		180	600
	B				70	70	105	70	35	35	35	420	
BLACK 黑色	A		12	12	24	36	24	12	12	12		144	468
	B				54	54	81	54	27	27	27	324	
TOTAL:			39	39	256	295	345	217	128	128	98	1536 件	

2. 尺寸表 (英寸)

尺寸	29	30	32	34	36	38	40	42	44
腰围	29	30	32	34	36	38	40	42	44
臀围(裆上 4 英寸处)	40	42	46	48	50	52	54	56	58
膝围(裆下 14 英寸处)	18	19	21	23	24	25	26	27	28
横裆(裆下 1 英寸处)	24	25	27	28	30	31	32	33	34
裤口宽	8	9	9 1/2	10	10	10	10	10 1/4	10 1/4
前裆(不含腰)	11 3/4	12	12 1/2	13	13 1/4	13 1/2	13 3/4	14	14 3/4
后裆(不含腰)	15 3/4	16	16 1/2	17	17 1/4	17 1/2	17 3/4	18	18 3/4
拉链	6 1/2	6 1/2	6 1/2	7	7	7	7 1/2	7 1/2	7 1/2
腰高	1 1/2								1 3/4

注:1in(英寸) = 0.0254m。

3. 配比

包装	内长	29	30	32	34	36	38	40	42	44	TOTAL
A		1	1	2	3	2	1	1	1		12 件/箱
B				2	2	3	2	1	1	1	12 件/箱

4. 包装方法

1 件 1 胶袋；12 件 1 立体袋；

12 件 1 出口纸箱（单色混码包装；A、B 单独包装）；

箱唛 、侧唛（省略）。

5. 示意图

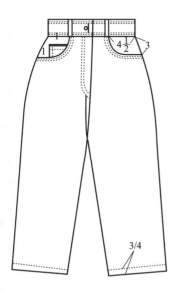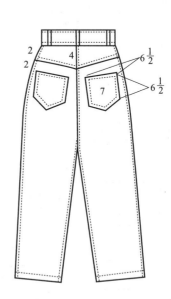

6. 工艺要求

（1）前大袋布的一部分缝在门里襟和腰头里，门襟缉一根 4YG 拉链，缉双线，门襟下端打两个结，每个弯袋及表袋两端各打结。

（2）后育克压住后片双包边并缉双明线，后裆缝采用右片压左片并缉双明线，每个后袋各有两个结，裆底一个结。

（3）裤口三卷边缉明线，缉线宽见示意图。

（4）腰头周边缉明线，左腰上有一圆头眼，右腰上钉工字金属扣，腰上有 5 只串带，长为 2 英寸 [1in(英寸)＝0.0254m]，宽为 0.5 英寸。

（5）底线面线及打结用 P. P. 604 缝线，针数每英寸 10～11 针。

（6）水洗必须按照客户提供的水洗样品进行。

（7）另有不明参见样衣。

附录二 缝制工艺表

款 号	品 名	面 料	数 量	技术审核	制 表 人
CH01-1	衬衣(普洗)	牛津纺条纹布	1000		

规格表				缝制工艺		单位:cm

规格表

部位/规格	S	M	L
肩宽	45	48	51
胸围	110	120	130
后衣长	72.5	77.5	80
袖长	60	62	64
袖口(扣上扣量)	22	23	24
袖窿(直量)	24	25.5	27
袖肥	44.5	47.5	50.5
过肩	9	10	10
领围(扣上扣)	41.5	43	44.5
翻领中宽	4.5	4.5	4.5
底领中宽	3	3	3.3
领尖长(垂直量)	6.5	7	7.5

主辅料搭配表

面料	缝线	衬	主标	洗涤标	装饰标	注意标
米色	原白	白	分号	分号	通用	通用
粉色	原白	白	分号	分号	通用	通用
浅蓝	原白	白	分号	分号	通用	通用
绿色	原白	白	分号	分号	通用	通用

示意图:

5.5

2

领尖长

6.5

后领居中,底领下钉主标,主标钉两侧,要打好倒回针,主标扣好后净长6.5cm

1. 线 缝线锁边线全部用40/2原白线;针码,13针/3cm、锁边12针/3cm,全身针码一定要均匀,大小统一,全身明线要均匀顺直

2. 衬 领面底领面袖头面前门襟面用30g无纺黏合衬

3. 前身 前门左压右,后背有过肩,前门襟外翻边宽3.3cm,里襟宽2.5cm

4. 绱袖子要吃势均匀,圆顺缉0.6单明线、袖衩长13cm(到尖)、袖衩宽2.5cm、袖头宽5.5cm、上口缉0.1×0.6双明线、下口缉0.6单明线

5. 穿着左侧身缝底边净上12cm钉洗涤标和注意标,洗涤标在上;左侧身缝15.5cm钉装饰标,装饰标外露0.8cm

6. 底边后比前长2cm,缉明线0.5cm 过肩、领边缉明线0.5cm、门襟缉明线0.6cm

附录三 生产制造单

生产制造单

日期：_____ 款号：488-B TOP_____ 合同号：123456_____

接单公司：_____ 生产工厂：_____ 数量：_____件 交货期：_____

（A）材料明细：

名 称	规 格 及 要 求	数量	单位	供给	名 称	规 格 及 要 求	数量	单位	供给
面料	T/C 124x69/21x42/2				拉链(胸)	5♯双拉树胶普通自动头拉链	1	条	
主唛	SIZE＋成分＋人形唛	1	个		拉链(袋)	5♯单开树胶普通自动头拉链	1	条	
洗水唛	洗水标志	1	个		魔术贴	2cm 宽 3cm 长	1	个	
松紧带	2cm 宽				罗纹袖口	5cm 高			

（B）款式图（面）：　　　　　　　　　　　　（背）：

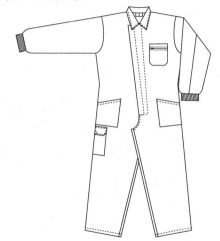
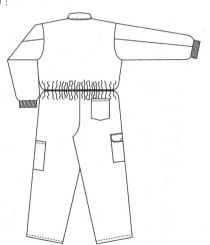

（C）数量、颜色及分配：

主色	48	50	52	54	56	58	60	62	64	66	68	合计
彩蓝色	100	100	200	200	200	200	400	400	100	100	100	= 2100

总数：__2100__件

（D）其他要求：

1. 产前样（按足大货要求的材料）：要求齐色齐码，即：共10件；要求在____月____日寄到我公司。大货须在产前样（齐码办）完全批复并书面通知才可以开裁生产。

2. 船头样（按足大货要求的材料）：_____件；交期：在出货前10天寄到韩国。

3. 针距：面压线12针/吋；暗线10针/吋；20cm长度内不许接线；每50cm内接线不许超过1处；接线不许开叉。

4. 外观：要求整烫平整、清洁、没有折痕；无线头、粉印等杂物。

5. 止口倒向：大身两侧缝、肩缝、裤子内外侧缝倒向后片；袖窿倒向袖片；袖子拼接缝倒向大袖片；包边面底线根据缝位倒向分面底。

6. 我司在收到船头样确认 OK 和工厂装箱单（工厂在全部装好箱）后，方会安排 QC 到工厂做尾期查货，如大货无法达到出货要求需要返工，我司再次查货的一切费用均由工厂负责。二次查货，仍无法到达出货要求，我司将取消该订单，一切损失由工厂负责。

7. 大货生产全部按足本制造单、产前样批办意见、材料确认意见、样品，如有相互冲突或疑问，请联系改正，不可自行处理。

(E) 工艺图（正面）：

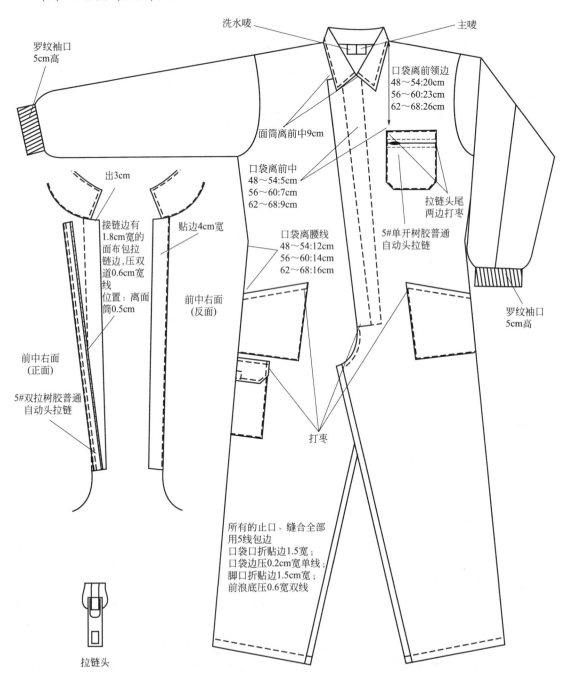

罗纹袖口
5cm高

洗水唛

主唛

出3cm

接链边有
1.8cm宽的
面布包拉
链边，压双
道0.6cm宽
线
位置：离面
筒0.5cm

贴边4cm宽

前中右面
（反面）

面筒离前中9cm

口袋离前领边
48～54:20cm
56～60:23cm
62～68:26cm

口袋离前中
48～54:5cm
56～60:7cm
62～68:9cm

拉链头尾
两边打枣

口袋离腰线
48～54:12cm
56～60:14cm
62～68:16cm

5#单开树胶普通
自动头拉链

罗纹袖口
5cm高

前中右面
（正面）

5#双拉树胶普通
自动头拉链

打枣

所有的止口、缝合全部
用5线包边
口袋口折贴边1.5宽；
口袋边压0.2cm宽单线；
脚口折贴边1.5cm宽；
前浪底压0.6宽双线

拉链头

（E）工艺图（背后）：

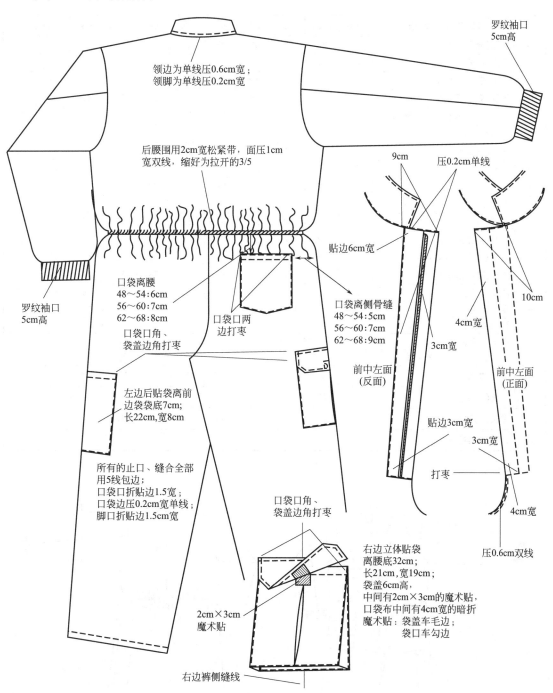

罗纹袖口
5cm高

领边为单线压0.6cm宽；
领脚为单线压0.2cm宽

后腰围用2cm宽松紧带，面压1cm
宽双线，缩好为拉开的3/5

9cm

压0.2cm单线

贴边6cm宽

口袋离腰
48～54：6cm
56～60：7cm
62～68：8cm

口袋离侧骨缝
48～54：5cm
56～60：7cm
62～68：9cm

口袋口两
边打枣

罗纹袖口
5cm高

口袋口角、
袋盖边角打枣

左边后贴袋离前
边袋袋底7cm；
长22cm,宽8cm

3cm宽

前中左面
（反面）

10cm

4cm宽

前中左面
（正面）

贴边3cm宽

3cm宽

所有的止口、缝合全部
用5线包边；
口袋口折贴边1.5宽；
口袋边压0.2cm宽单线；
脚口折贴边1.5cm宽

打枣

4cm宽

口袋口角、
袋盖边角打枣

右边立体贴袋
离腰底32cm；
长21cm,宽19cm；
袋盖6cm高，
中间有2cm×3cm的魔术贴,
口袋布中间有4cm宽的暗折
魔术贴：袋盖车毛边；
袋口车勾边

2cm×3cm
魔术贴

压0.6cm双线

右边裤侧缝线

（F）尺寸表：

单位：cm

	部 位 及 度 法	48	50	52	54	56	58	60	62	64	66	68
A	胸围(掖下1″度1/2)	55	57	59	61	63	65	68	70	72	74	76
B	腰围(拉开度1/2)	49	51	53	55	57	59	61	63	65	67	69
C	坐围(浪上4″度1/2)	54	55	57	59	61	64	66	68	70	72	74
D	髀围(浪底度1/2)	32	33	34	35	36	37	38	39	40	41	42
E	中档宽度(内长1/2处度1/2)	30	30.5	31	31.5	32	32.5	33.5	34	34.5	35	35.5
F	脚口宽1/2			27					28			
G	肩宽(膊至膊)	47	49	51	53	55	57	59	61	63	65	67
H	袖长(膊至袖口)	60	61	62	63	65	66	67	69	70	71	72
I	夹围(1/2)	27	27	28	28	29	29	30	30	31	31	31
J	袖口宽(缩好1/2)			9				10			11	
K	前长(领边至腰)	48	49	50	51	52	52	53	53	54	54	54
L	前浪(腰至浪底)	32	32	32	32	32	33	33	34	35	36	37
M	后中长(后中至腰)	50	51	52	53	54	54	55	55	56	56	56
N	后浪(腰至浪底)	37	37	37	37	37	38	38	39	40	41	42
O	前胸拉链长	61	62	63	63	64	64	65	65	66	66	66
P	胸口袋长×宽			14×16					15×17			
Q	胸口袋拉链长			13					14			
R	裤前插袋长/长×宽			21/16×17					22/17×18			
S	裤后口袋中长/边长×宽			16/14.5×14					17/15.5×15			
T	外长(腰至脚口)	104	105	106	107	109	110	111	112	113	113	114
U	领长(顶度)		43			45			47		48	
V	领长(底度)		41			43			45		46	
W	领高(后中度)						8					

附度尺示意图：

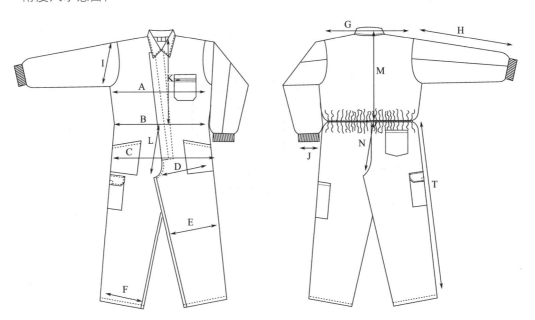

（G）材料卡：

a 面布	面布： T/C 124×69/21×42/2 彩蓝色	（贴样）	
b 唛头	（主唛） 8cm×2.5cm(含止口) （白底黑字） **CEi** **TALLA 48** 65% POLIESTER 35% ALGODON 182~188 92~96	（洗水唛） 8cm×2.5cm(含止口) （白底黑字） 30° B-30.618.193	（位置）： 领后中 洗水唛　　主唛

SIZE	身高	胸围	SIZE	身高	胸围	SIZE	身高	胸围
48	152～158	92～96	56	176～182	108～112	64	194～200	124～128
50	158～164	96～100	58	182～188	112～116	66	194～200	128～132
52	164～170	100～104	60	188～194	116～120	68	194～200	132～136
54	170～176	104～108	62	194～200	120～124			

c 辅料	5#双拉树胶龙普通自动头拉链 （彩蓝色）		5#单开树胶普通自动头拉链 （彩蓝色）
	2cm 宽松紧带	2cm×3cm 魔术贴 （彩蓝色）	2″宽松紧带 （彩蓝色）

(H) 包装要求：

a. 胶袋要求(样)

1. 质地：PP 带衣架胶袋；

2. 尺寸：工厂根据产品的折叠方法量度制定胶袋尺寸，必须分号码，不能统一尺寸；

3. 胶袋不许有油污，要清洁、平整；

4. 胶袋贴纸：白底黑字　尺寸：

6cm×3cm

(图中条形码不能为标准,请以条形码数字生成的条形码为准)

BUZO TERGAL 1a AZULLINA 48
REF:　488-BT TOP　48

8 427310 008489

b. 折叠后包装成品样

条形码贴纸

top

SIZE	条形码	SIZE	条形码	SIZE	条形码
48	8427310008489	56	8427310008564	64	8427310008649
50	8427310008502	58	8427310008588	66	8427310008663
52	8427310008526	60	8427310008601	68	8427310008687
54	8427310008540	62	8427310008625		

c. 纸箱及印唛

1. 1 件 1 胶袋,单色单码,25 件入 1 出口箱;

2. 纸箱为 3 坑 7 层防水出口箱,纸箱上下中间的封口内落 25cm×纸箱的长度 1 坑纸板 2 块,以防开箱时割破产品;

3. 封箱用 5cm 宽的透明胶纸中间、两边共 6 道,打 2 条包装带;

4. 尺寸:工厂自行按产品的大小制定尺寸,必须分号码,不能统一尺寸,但定好后,须经我司确认方可定做纸箱;

5. 印字:字体高度不能低于 2cm,根据纸箱高度适当调长字体高度;所有印字用正楷字体印,不能用手写。

主唛:(印大面两边)	侧唛:(印小面两边)
MARCA ARTICULO:488-BT TOP COLOR:AZULINA TALLA:(填写号码) CANTIDAD:25 PZS CARTON NO:(填写箱号) CAT. 1 CE SOLO PARA RIESGOS MINIMOS	G. W. 19 KGS N. W. 17 KGS M. 41cm×35cm×55cm

公司要求:	工厂:
1. 工厂要核对样品、制单及其他有关该款的要求变更,在有相互矛盾时,必须停止生产并及时通知我司,得到再次更正确认后,方可继续生产。 2. 工厂如有其他疑问,请立即联系。 制单:　　　审核:	确认明白并遵照执行。 签字:　　　　　　　　　　年　月　日

参考文献

[1] 张文斌等. 服装工艺学（结构设计分册）. 第 3 版. 北京：中国纺织出版社，2005.

[2] 苏石民，包昌法等. 服装结构设计. 北京：中国纺织出版社，1999.

[3] 刘瑞璞，刘维和. 服装结构设计原理与技巧. 北京：纺织工业出版社，1993.

[4] 魏静. 服装结构设计. 北京：高等教育出版社，2000.

[5] 姜连军，杨瑞良. 新编服装结构设计理论与应用. 北京：中国标准出版社，1997.

[6] 魏雪静，魏丽. 服装结构原理与制板推板技术. 第 3 版. 上海：中国纺织出版社，2005.

[7] 三吉满智子. 服装造型学（理论篇）. 北京：纺织工业出版社，2006.

[8] 李津，毛莉莉. 针织服装设计与生产工艺. 北京：中国纺织出版社，2005.

[9] 毛莉莉. 针织服装结构与工艺设计. 北京：中国纺织出版社，2006.

[10] 戴龙泉. 最新合体服装工艺. 上海：科学技术出版社，1998.

[11] 吴俊. 男装童装结构设计与应用. 第 3 版. 北京：中国纺织出版社，2005.

[12] 李欧华. 原型裁剪. 北京：高等教育出版社，1998.

[13] 吕学海. 服装结果设计与技法. 北京：中国纺织出版社，1997.

[14] 向东. 服装创意结构设计与制板. 北京：中国纺织出版社，2005.

[15] 蒋锡根. 服装结构设计. 上海：上海科学技术出版社，1995.

[16] 潘波. 服装工业制板. 上海：上海科学技术出版社，2000.